U0342389

宏大爆破技术丛书

地下开采转露天复采
关键技术与应用

崔晓荣　喻　鸿　郑炳旭　著

北　京

冶 金 工 业 出 版 社

2019

内 容 简 介

本书对地下开采转露天复采矿山的开采程序、开采方法及开采过程管理进行了全面论述，内容涵盖了露天开采基础知识、地下采空区的形成及危害、露天复采宏观采矿环境再造、露天复采施工作业条件再造以及地下遗留采空区治理与露天采矿施工协同作业方法等，最后还系统介绍了广东省大宝山矿地采转露天复采的成功案例。本书可以用来宏观指导类似矿山的规划建设和生产管理以及具体指导面临采空区威胁的各种露天矿山的生产组织和现场管理。

本书可供从事金属与非金属矿开采理论及工程应用的科研人员、工程技术人员及矿山生产管理人员阅读，也可供高等学校相关专业师生参考。

图书在版编目（CIP）数据

地下开采转露天复采关键技术与应用/崔晓荣，喻鸿，郑炳旭著. —北京：冶金工业出版社，2019.12

（宏大爆破技术丛书）

ISBN 978-7-5024-8310-4

Ⅰ.①地…　Ⅱ.①崔…　②喻…　③郑…　Ⅲ.①露天开采—复采　Ⅳ.①TD804

中国版本图书馆 CIP 数据核字（2019）第 263462 号

出 版 人　陈玉千
地　　　址　北京市东城区嵩祝院北巷 39 号　邮编　100009　电话　(010)64027926
网　　　址　www.cnmip.com.cn　电子信箱　yjcbs@cnmip.com.cn
责任编辑　程志宏　王梦梦　美术编辑　吕欣童　版式设计　孙跃红
责任校对　卿文春　责任印制　李玉山
ISBN 978-7-5024-8310-4
冶金工业出版社出版发行；各地新华书店经销；三河市双峰印刷装订有限公司印刷
2019 年 12 月第 1 版，2019 年 12 月第 1 次印刷
169mm×239mm；15.25 印张；295 千字；230 页
59.00 元
冶金工业出版社　投稿电话　(010)64027932　投稿信箱　tougao@cnmip.com.cn
冶金工业出版社营销中心　电话　(010)64044283　传真　(010)64027893
冶金工业出版社天猫旗舰店　yjgycbs.tmall.com
（本书如有印装质量问题，本社营销中心负责退换）

前　言

矿产资源是工业的粮食，矿业是国民经济的基础产业，是现代工业以及工业文明的基石，人们对美好生活的向往和追求，离不开矿业和矿产资源，人类对矿产资源的需求将是永恒的。步入工业化社会以来，矿产资源就成为影响经济和国力的重要因素之一。目前，随着浅部资源的逐年减少且面临枯竭，深部开采技术还相对不成熟，人类对矿产资源的需求却仍长期保持在高位，使得利用地下开采转露天复采回收历史遗弃的浅部矿产资源就显得越来越迫切和普遍。

本书通过作者多年的科研工作以及不断总结现场指导施工的经验和教训，汇集提炼出地下开采转露天复采关键技术体系。书中涵盖了地下开采转露天复采矿山的开采程序、开采方法以及开采过程管理等内容，重点介绍了露天开采基础知识、地下采空区的形成及危害、露天复采宏观采矿环境再造、露天复采安全施工作业条件再造以及地下遗留采空区治理与露天采矿施工协同作业方法等方面的内容。

全书共分10章，第1章简单介绍了地采转露天复采矿山的背景及意义，第2章介绍了露天采矿的基础知识，第3章介绍了采空区的形成与危害，第4章系统阐述了矿山地采转露天复采的开采程序，第5章阐述了矿山的宏观露天采矿环境再造，第6章阐述了采场遗留空区的探测与探明，第7章阐述了采场遗留空区的稳定性分析，第8章讲述了采场遗留空区的治理与验收，第9张讲述了地采转露天复采矿山的安全生产协同管理方法，第10章系统介绍了广东大宝山矿地采转露天复采的成功案例。其中第4章至第8章，为矿山宏观露天采矿环境再造以后开展的系列工作，其目的是进行露天复采安全施工作业条件的再造，包括矿山地下遗留采空区的精准探测、三维扫描、稳定性分析和崩落爆破设计、施工与验收等工作，排除露天复采的作业安全隐患，为矿产资源的安全高效回采奠定基础。

本书归纳总结了宏大爆破工程集团有限责任公司和广东省大宝山矿业有限公司合作十年来所取得的显著成果，作者在此衷心感谢广东省大宝山矿业有限公司和宏大爆破工程集团有限责任公司的同仁们十年奋战于施工一线，共同为大宝山矿的转型升级做出的可贵奉献。

在本书出版之际，衷心感谢为广东省大宝山矿地采转露天复采提供了技术支持和服务的所有科研院所和高等学校，感谢广东省大宝山矿业有限公司在地采转露天复采矿山规划建设方面的先进理念和实践，感谢宏大爆破十年进行露天复采施工探索的宝贵实战经验并对本书出版提供的大力支持。

本书出版恰逢宏大爆破与大宝山矿战略合作满十年之际，其合作的这十年也正是大宝山矿转型升级重要的十年，大宝山矿经历了从黑色向有色，从落后到引领，从传统到绿色发展的各种变化，尤其是在绿色矿山建设、科技兴安等方面取得了显著成效。谨以此书表示向合作的双方祝贺，愿双方合作天长地久，越来越好！

由于时间和水平所限，书中不妥之处，恳请专家、学者及广大读者不吝赐教！

作　者
2019 年 5 月

目　　录

1　绪　　论

1.1　发展矿业的重要性

矿产资源是工业的粮食，矿业是国民经济的基础产业，是现代工业和工业文明的基石，人们对美好生活的向往和追求，依靠矿业和矿产资源，人类对矿产资源的需求将是永恒的。步入工业社会以来，矿产资源就成为影响经济和国力的重要因素之一。马克思在《资本论》中说："农业、矿业、加工业和交通运输业是社会四大生产部门"，农业提供人类赖以生存的粮食，矿业则是工业赖以生存和发展的粮食，没有矿业，加工业和交通运输业就成为"无米之炊"。

第十八届世界采矿大会提出的主题是"一切从矿业开始"。这一主题充分反映了矿业在人们生活和社会经济发展建设中所起到的重要的基础性作用。一些基础数据也反映矿业在国民经济中的重要地位，如在我们的经济和生活中，93%的一次能源、80%的矿业原料、70%的农业生产资料和30%的人畜用水都来自矿业。"一切从矿业开始"就是讲资源开发对社会的贡献率。可以说人们生活和经济建设没有哪一方面能离得开矿产资源和矿业开发的。我们穿的是棉纺、纤维，我们吃粮烧饭、住房取暖，我们出行乘车，无论是自行车、汽车、飞机、火车，都和矿业能源相关。矿产资源已经构成社会发展最基本的物质基础和物质保障。矿产资源也是战略资源，它甚至影响民族的生存，影响国与国之间的关系。中东石油也好，伊拉克战争也好，都能说明问题。从环境的角度讲，矿业是支撑一个好环境的重要物质基础，同时又是可能对环境造成破坏的物质因素，它就是一把双刃剑。

矿业对人类发展和我国实现全面建成小康社会目标起着重要的支撑作用，没有矿业或者当矿业发展达不到一定的程度，全面建成小康社会目标就很难实现。现在全国有15万个矿业企业，每年矿石产量将近50亿吨。矿业结构调整取得进展，产业集中度有所增加，建成了一批大型、特大型具有国际竞争力的矿山企业集团和跨国矿业公司。矿产资源开发带动了区域经济的增长和发展，2012年我国的矿产企业进出口贸易总额就已经达到9919.1亿美元，占全国进出口的25.7%，一些主要的矿产如锡、锑、稀土、萤石等直接影响国际市场。我国累计新发现172种矿产资源，158种探明储量，其中能源矿产10种、金属矿产54种、非金属矿产91种、水气矿产3种；累计发现矿床、矿点20多万处，其中查明资源的矿产地 1.8 万余处。现在矿产品的产值占国内生产总值的比重约为 5%，加上后续产业延伸的部分约为 30%。从发展趋势看，到全面建成小康社会和"两个一百年"奋斗目标的实现，就更需要矿产资源和矿业开发来保障。所以矿业不是夕阳产业，矿业还是一个朝气蓬勃的、社会需求量很大的基础性产业，也是经济发展的重要支柱产业。矿产资源的开发利用，已经带动了我国矿区产业的发展和经济的增长，形成 390 余座矿业城镇，国内生产总值达 30417 亿元，矿业城市吸纳人口 3.1 亿，为劳动就业和社会稳定做出了突出贡献。

我国正处于工业化的中前期阶段，完成从中前期到中后期的过渡至少还需要半个世纪的历程。在这个过程中，国民经济将持续保持较高的增长速度，当然我们并不是单纯追求经济增长的高指标，但没有经济的增长一切都是空谈，再好的结构，没有足够的量，对我们 13 亿人口的大国也是杯水车薪。改革开放三十多年来，我国矿业经济大体与国民经济同步增长，矿业产值占国内生产总值的比重始终在 5% 左右，这就说明我国还没有进入后工业时代，矿业仍然还是国民经济重要的基础产业。

1.2　矿业发展的新趋势

矿业的重要性显而易见，但矿业生产经营过程中的安全和生态环境保护同样重要。党的十八大确立了"五位一体"的总体布局，即全面落实经济建设、政治建设、文化建设、社会建设、生态文明建设五位一体总体布局，将"生态文明建设"提到前所未有的高度，习近平总书记亦提出"绿水青山就是金山银山"的科学论断。党的十九大提出"要拓展地质调查服务领域，提高资源安全保障水平，推进矿产资源市场化配置，深化绿色勘查和绿色矿山建设，切实增强地质矿产服务保障能力。"

2018 年 6 月 22 日自然资源部发布《非金属矿行业绿色矿山建设规范》等 9项行业标准的公告。这是目前全球发布的第一个国家级绿色矿山建设行业标准，标志着我国的绿色矿山建设进入了"有法可依"的新阶段，将对我国矿业行业的绿色发展起到有力的支撑和保障作用。绿色矿山建设规范主要从矿区环境、资源开发方式、资源综合利用、节能减排、科技创新与数字化矿山、企业管理与企业形象等六方面，根据各个行业的特点做出相应要求。

标准的制定与生产实践相结合，充分体现其科学性与先进性，同时考虑到现阶段我国各行业绿色矿山建设实际情况与发展水平，保证标准的可操作性。九大行业绿色矿山建设规范的编制原则是以促进资源合理利用、节能减排、保护生态环境和矿地和谐为主要目标，最终实现资源开发的经济效益、生态效益和社会效益协调统一，实现"开采方式科学化、资源利用高效化、企业管理规范化、生产工艺环保化、矿山环境生态化"，为发展绿色矿业、建设绿色矿山提供技术和管理支撑。

蔡美峰院士说,经过新中国成立以来 60 多年的开采,随着浅部资源的逐年减少和枯竭,我国矿产资源的开采正处于向深部全面推进的阶段。"绿色开发""深部开采"和"智能采矿"是未来矿产资源高效开发的三大主题,而深部无人采矿关键工程科技的战略研究和深部采矿向深部地热开发的延伸与结合,必将推动我国在深部采矿领域取得具有国际领先的重要突破,使我国成为未来世界的采矿强国。

但是,当前深部开采的技术还不成熟,往往缺乏经济合理性和安全可靠性,浅部矿产资源的"绿色开发"显得格外重要。有史以来,人类在开采浅部矿产资源的同时,也在大量破坏和浪费矿产资源,将大量的资源排弃到排土场、丢弃在尾矿库、遗留在地下,仅仅开发利用了较少的一部分,这并不符合国家绿色发展和矿业转型升级的要求,也不符合"绿色开发"这一矿产资源开发利用的基本原则。

综上所述,基于浅部矿产资源的逐年减少和枯竭,深部开采的技术还不成熟,而人类对矿产资源的需求又长期保持在高位,利用地下采矿转露天复采回收历史遗弃的浅部矿产资源越来越迫切、越来越普遍。

1.3 国内外矿山地采转露天复采现状

从敞露地表的采矿场采出有用矿物的过程称为露天采矿。当矿体埋藏较浅或地表有露头时,应用露天开采最为优越。与地下开采相比,露天开采具有资源利用充分、回采率高、贫化率低、适于用大型机械施工、建矿快、产量大、劳动生产率高、成本低、劳动条件好和生产安全等优点,露天开采无论在国内或国外均得到了广泛应用。据统计,世界上 80% 的金属、稀有金属等矿山均使用露天开采的方法。目前,随着自然资源的日益紧缺和价格的提高,很多的金属矿山、非金属矿山为了提高采出率,纷纷采用了露天开采方式,还有些矿山为了扩大生产规模和提高经济效益,抛弃了过去的地下开采的开采方式,转为了露天开采。俄罗斯的伊里奇矿务局的克里沃罗格铁矿就是一个例子,在我国的很多矿山也对地采转露天复采的开采方式进行了尝试,如我国第一大金矿福建紫金山金矿就是一个地采转露天复采的成功案例。

紫金山金矿于 1993 年由中国有色金属总公司批准立项建设,当时的工业储量为 5105t。矿山开采后,取得了矿床勘探的重大突破,使其成为举国闻名的增储百吨的特大型岩金矿山。紫金山金矿在不断发展中迅速崛起,在 21 世纪的第一年里黄金产量逾 5t,继续保持 1999 年以来年产金量全国榜首的业绩。紫金山金矿为追求新目标,通过过渡衔接技改工作,从 2000 年全面实现了矿床开采方式的转型,由地下开采转为露天开采。实践证明,开采方式转型带来显著的规模效益，促进了企业的更大发展。

福建宁化行洛坑钨矿有限公司也是最近实施地采转露天复采的典型案例，行洛坑钨矿床是一个规模大、产于花岗岩中的细脉型含钼黑白钨矿床，已开采近半个世纪，1970 年以后有江西和广东民工在矿区小量乱采。1984 年后矿山乱采现象被制止，统一由宁化县钨矿对矿山进行管理和工业化小规模开采，2002 年 6 月因特大洪水冲垮尾矿库，造成全矿停产至 2004 年。之后由隶属厦门钨业股份有限公司的行洛坑钨矿有限公司重新开发，由地下开采转为露天开采。

银山铜铅锌矿，是新中国成立后江西最早开发的矿山之一，也实现了地采转露天复采的转型，使企业从资源已濒于枯竭的危机步入了重新高速发展的道路。

黑龙江省老柞山金矿随着采选生产能力的扩大，矿山地质储量日趋紧张，也进行了地采转露天复采的二次资源开发。

另外，安徽省铜陵市新建乡福光铅锌矿、栾川三道庄钼矿、凤凰山铜矿、广东省云浮硫铁矿等矿山也成功实施了地采转露天复采工程。

在有色、稀有金属等矿山纷纷提出地采转露天复采技术改革的同时，我国煤炭系统的企业也开始了地下开采转露天开采的尝试。

神华宁夏煤业集团大峰露天煤矿羊齿采区为了延长矿山的服务年限，提高太西煤的采出率，于 2005 年末将井工开采关闭转为露天开采，成为世界上煤炭行业第一个敢吃螃蟹的人。该工程顺利实施后，大峰矿羊齿采区的煤炭回采率由 35% 提高到 90%，可为国家多回收 1440 万吨优质太西无烟煤，延长矿井服务年限 14.4 年，为社会增加产值 43 亿多元，直接收益 25 亿多元，对社会稳定以及创建和谐社会有着极其重要的意义和深远的影响。目前此项目正在进行中。

特别是在我国实施对小煤矿实行撤销、合并政策的大环境下，有人也提出在条件适宜的地区，应该鼓励和支持小煤矿由地采转为露天开采，这样不但可以避免小煤矿地下开采安全无保障、回采率低的缺点，而且可以缓解我国煤炭需求的紧张状态，可让机动、灵活的民营资本在煤炭领域发挥其积极的作用。

由此可见，矿山从地下开采转向露天开采已经成为一种新现象、新趋势，正逐渐地在国内外矿山中推广和应用。但是，原地下开采遗留的采空区对转为露天开采造成的危害也非常突出，主要体现在如下几个方面：

（1）威胁采场作业人员生命和生产设备的安全。由于乱采滥挖的无序，采空区资料收集不全，并随着时间的推移，岩体顶板应力在不断变化，加上裂隙水的浸入、风化、顶板岩石结构面等因素的影响，复杂的采空区群给露天采场的作业人员生命和生产设备造成了极大的威胁，给矿山安全管理工作带来了巨大的困难。

（2）影响生产计划的实施。由于采空区分布在各台阶的不同部位，大型采空区甚至影响几个台阶不能正常推进，中断台阶运输道路，给生产计划接续造成极大困难。又因采空区的复杂性和影响范围广，为了保证安全而实施的各项措施需要时间长，给露天生产带来了十分不利的影响，不能保证稳定供矿。

（3）报废了宝贵的矿产资源。由于保证不了人员、设备安全，传统的充填法、台阶崩落法都达不到有效治理空区的目的，唯一的办法只有绕着采空区进行开采。如果这样开采，不但报废了大量宝贵的矿产资源，产量无法保证，还会造成开采很难进行下去的局面，导致整个矿区因无法开采而报废。

（4）企业无法生存和发展。矿山企业要想生存发展，必须有稳定的矿产资源作保障，采空区的隐患不排除，矿产资源就无法回收。

鉴于上述采空区带来的危害，不少企业无法长期生存下去，更谈不上规模化发展，企业效益、地方经济、社会效益更无从谈起。

1.4 地采转露天复采的相关技术研究

在许多地采转露天复采的矿山工程中，安全作业技术的缺乏一直是威胁矿山顺利生产的首要因素，如常出现采空区围岩形变、工作平盘局部塌陷、露采工作台阶失稳等重大危害。而采空区隐患是影响矿山安全生产的最主要的危害源，直接威胁着矿山工作人员和设备的安全。所以，对采空区的有效探测、监测、预测预报以及控制技术成为我国很多地采转露天复采矿山的首要解决的技术难题。

1.4.1 地下遗留采空区超前探测

对采空区分布状况的超前探测一直被认为是极具挑战性的问题。工业发达国家由于仪器设备方面的优势，各种地球物理方法都曾运用到这一领域。采空区的探测目前国内外主要是以采矿情况调查、工程钻探、地球物理勘探为主，辅以变形观测、水文试验等。美国等西方工业发达国家以物探方法为主，而国内对采空区的探测以往主要借助于钻探，但近年来也逐渐认识到应用工程物探方法探测采空区的重要性和优越性。

在美国采空区等地下空洞探测技术方面，电法、电磁法、微重力法、地震法等都达到较高的水平。其中高密度电阻率法、高分辨率地震勘探技术尤为突出，且近年来在地震 CT 技术方面也发展迅速。

日本工程物探技术在行业中处于领先地位，应用最广泛的是地震波法，此外电法、磁法及地球物理测井等方法也应用得比较多，特别是日本 Vic 公司 20 世纪 80 年代开发研制的 GR-810 型佐藤式全自动地下勘察机，在采空区、岩溶等空洞探测中得到了一定应用，且后续推出的一系列产品都处于国际领先水平。

欧洲国家工程物探技术也较全面。在采空区的探测上，俄罗斯多采用电法、瞬变电磁法、地震反射波法、井间电磁波透射、射气测量技术等，英、法等国家以地质雷达方法应用较好，微重力法、浅层地震法也有使用。

国内近年来在利用地球物理勘探技术查明地下采空区方面，做了大量的工作，发展了多种方法，有些技术甚至超过了国外水平，如瞬态瑞利波法、地质雷达、弹性波 CT、超声成像测井、卫星遥感（Rs）和地理信息系统（GIS）技术等。

三维激光空区监测系统（CMS，Cavity Monitoring System）是基于激光扫描原理开发的可用于地下矿山的空区激光探测系统，该系统是 20 世纪 90 年代初由加拿大 Noranda 技术中心和 Optech 系统公司共同研制成功的，迄今已有数百套在全球应用，如加拿大 Noranda 公司、瑞典的 Zinkgruvan 公司等。激光自动扫描系统对复杂空区进行探测，能够精确地扫描出复杂空区实际空间分布状况，极大地提高了空区探测数据的准确性、可靠性和实用性，将传统的定性探测提高到精确三维定位的水平，为复杂多空区矿山的安全开采提供了详尽的信息。目前，该系统已成为矿业发达国家地下采场和空区探测的重要手段，尤其是在对危险和人员无法进入的空区探测中。

1.4.2　地下采空区的安全治理技术

地下开采矿山转露天复采，普遍存在采空区的处理问题，采空区的处理成为此类矿山的难题，它不仅影响到矿山的正常生产，而且关系到矿山开采的安全，直接影响矿山的经济效益。

地下采空区处理的方法很多，而地采转露天复采矿山的采空区处理方法与一般的地下矿山对采空区处理方法也不相同。对于地采转露天复采矿山的采空区处理，国内外常根据各矿山的具体条件、采空区点位的岩性及状态进行处理方法和施工工艺技术的优化，主要采用崩落法和充填法两大类。崩落法就是崩落采空区上部的矿、岩体，使之充塞空区，达到消除采空区的目的。充填法则是利用废石、矿石、泥浆等充填材料填塞采空区，亦是达到消除采空区的目的。

在地表用深孔爆破方法崩落采空区上部的矿岩，这种方法是最为快捷的，它避免了倒堆废石和矿石以及充填矿房时繁复的工作量。但是，在采空区的上部钻孔时，采空区上部岩层应有足够的强度，以免在钻孔及爆破时发生自崩。因此，这种处理方法比较危险。此外，由于无法检查爆破的效果，所以爆破后能否填满空场也无从得知，这是该方法的不足。用药室或地下深孔崩落法则要求修复旧有的坑道或重新掘进坑道，以用来布置钻孔或药室。这些工程的劳动量、长期性及昂贵的费用是显而易见的。此外，也可以同时采用地表钻孔爆破和地下深孔或药室爆破的方法来处理采空区。

用充填法来处理采空区，就是自地表用废石、矿石或尾砂，通过专门掘进的充填溜井或大直径钻孔来进行充填工作。这种方法的工作量也是较大的，而且在采空区上部掘进坑道或钻孔，工作复杂具有前面提到的同样的危险。大量的充填物充入采空区，也会增加露采时的挖运工作量。

采用注浆充填时，除了运送充填浆的孔径比坑道小以外，也还应根据所在矿山的具体条件而定。

选择从地表钻进钻孔爆破采空区时，应对逐个采空区提出处理方案并作出设计。在实际工程应用中应根据具体实际情况来确定不同的采空区处理方法。

1.4.3 地下隐患矿产资源的回采技术

与一般露天矿山相比，地采转露天复采矿山的"安全"与"生产"更加密不可分，保障露天开采安全的首要工作是采空区隐患的及时治理，进行露天复采的最终目标是精细化采矿、回收隐患资源。但是，地下开采转露天复采矿山，经历过了地下开采阶段，矿产资源的自然赋存状态遭到了破坏，而且留下了大量的采空区，为矿山露天复采作业带来了诸多不利因素，矿山的技术经济条件和安全生产条件均严重恶化。地下开采转露天复采矿山之所以要进行露天复采，说明地下蕴藏的矿产资源仍有较大的经济价值，足以覆盖露天开采和采空区治理的各种成本。

地采转露天复采矿山的生产经营，其基本前提是要充分认识到矿山开采过程是"天使"与"魔鬼"共存共舞的特性。正因为地采转露天复采矿山的"天使"与"魔鬼"共存共舞的特性，需要对矿山开采状况进行调查分析，既充分认识"天使"——矿产资源，也要充分认识"魔鬼"——采空区，才能知己知彼、百战不殆。正因为地采转露天复采矿山的"天使"与"魔鬼"共存共舞的特性，对采矿技术提出了更高的要求，才能提高回采率、降低贫化率、减少损失率，同时也对安全管控和现场管理水平提出了更高的要求，往往要求采空区隐患治理与矿产资源回收协同作业、协同管理。

总之，地采转露天复采矿山的"天使"由于遭到了人为地下开采的破坏，导致"天使"受伤、并不完美，但"天使"的魅力需要人为的二次挖掘，即借助市场条件改善和技术条件进步，让受伤的天使，即遭破坏的矿产资源，又具备了露天开采的价值。但是，地采转露天复采矿山的开采，不能只顾矿产资源的经济价值，不顾"魔鬼"，即遗留采空区的危害，否则将得不偿失，使地采转露天复采失去了意义。但是，当前地采转露天复采相关安全生产技术还不成熟，相关研究还不系统、不充分，矿山地质灾害和安全生产事故仍时有发生，急需开展地采转露天复采关键技术的研究与开发，实现地下遗弃矿产资源的安全高效回收利用，造福人类。

1.5 本书的主要内容

本书以地采转露天复采矿山的开采方法和安全作业的技术为主要内容，以回收地下遗留矿产资源、提高露天复采施工效率、保障露天复采施工安全为目的，系统地分析地采转露天复采矿山的开采方法和开采程式，以期形成一套完善的、适合地采转露天复采矿山的开采方法和管理体系，为我国的金属、非金属矿山地采转露天复采的发展和推广提供经验和参考。

本书共分 10 章，依次阐述了绪论、露天采矿基础知识、地下采空区的形成与危害、地采转露天复采的开采程序、宏观露天采矿环境再造、采场遗留空区的探测与探明、采场遗留空区的稳定性分析、采场遗留空区的治理与验收、地采转露天复采矿山的安全生产协同管理和广东省大宝山矿地采转露天复采典型案例。在编撰布局上，首先通过绪论部分使读者对矿山的地采转露天复采有一个整体的初步认识，接着再进一步熟悉露天矿山开采基础知识和地下采空区的形成、分类与危害等相关知识，在此基础上系统介绍地采转露天复采矿山的开采步骤及其相关内容，主要包括宏观露天采矿环境再造、微观采场作业条件再造（含采场遗留空区的探测与探明、稳定性分析、治理与验收）和地采转露天复采矿山的安全生产协同管理三部分，最后介绍了广东省大宝山矿地采转露天复采实施案例的全过程及涉及的技术问题。

本书介绍内容既是宏大爆破工程集团有限责任公司和广东省大宝山矿业有限公司生产中所急需解决的关键施工技术问题，也是地采转露天复采矿山的开采方法和安全生产方面的共性技术难题。由于时间紧、任务重，作者归纳总结的结论以及本书介绍的内容难免有不足之处，期盼同行及专家们的斧正和进一步完善，但就目前而言，该阶段成果对我国金属、非金属矿山的开发利用应不失借鉴意义，具有一定的推广应用价值。

2 露天采矿基础知识

2.1 露天采矿的对象

《中国冶金百科全书》定义露天采矿：用一定的采掘运输设备，在敞露的空间里从事开采矿床的工程技术。其具有作业安全、可采用大型采矿机械、生产能力大、矿石损失少等优点，适合于矿体埋藏浅、赋存条件简单、储量大的矿床。下面对露天采矿作业的对象进行介绍，包括矿石废石的概念、矿石的种类、矿岩的性质和矿体埋藏条件。

2.1.1 矿岩的概念

凡是地壳中的矿物自然聚合体，在现代技术经济水平条件下，能以工业规模从中提取国民经济所必需的金属或矿物产品者，叫作矿石。以矿石为主体的自然聚集体叫矿体。矿床是矿体的总称，一个矿床可由一个或多个矿体所组成。矿体周围的岩石称围岩，据其与矿体的相对位置的不同，有上盘围岩、下盘围岩与侧翼围岩之分。缓倾斜及水平矿体的上盘围岩也称为顶板，下盘围岩称底板。矿体的围岩及矿体中的岩石（夹石），不含有用成分或含量过少，从经济角度出发无开采价值的称为废石。

矿石中将有用成分的含量称为品位。品位常用百分数表示。黄金、金刚石、宝石等贵重矿石，常分别用 1t（或 $1m^3$）矿石中含多少克或克拉有用成分来表示，如某矿的金矿品位为 5g/t 等。矿床内的矿石品位分布很少是均匀的。对各种不同种类的矿床，许多国家都有统一规定的边界品位。边界品位是划分矿石与废石（围岩或夹石）的有用组分最低含量标准。矿山计算矿石储量分为表内储量与表外储量。表内外储量划分的标准是按最低可采平均品位，又名最低工业品位，简称工业品位。按工业品位圈定的矿体称工业矿体。显然工业品位高于或等于边界品位。

矿石和废石，工业矿床与非工业矿床划分的概念是相对的。它是随着国家资源情况、国民经济对矿石的需求、经济地理条件、矿石开采及加工技术水平的提高，以及生产成本升降和市场价格的变化而变化。例如我国锡矿石的边界品位高于一些国家的规定 5 倍以上；随着硫化铜矿石选矿技术提高等原因，铜矿石边界品位已由 0.6% 降到 0.3%。有的交通条件好的缺磷肥地区所开采的磷矿石品位甚至低于边疆交通不便富磷地区的废石品位。

2.1.2　矿石的种类

地球外表的一层坚硬外壳称为地壳。地壳是由天然的矿物元素组成，这些元素包括非金属元素（氧、硅等）和金属元素（铁、铜、铅等）。

金属矿石一般分为四种，分别为自然金属矿石、氧化矿石、硫化矿石和混合矿石。自然金属矿石，如金、银、铜、铂等。这些金属矿石金属以单一元素存在于矿石中。在自然界中除上述四种矿石，其他金属能达到工业开采品位的自然金属矿石较少。氧化矿石，如赤铁矿、磁铁矿、软锰矿、赤铜矿、红锌矿、白铅矿，这些矿石的成分为氧化物、碳酸盐，硫酸盐。硫化矿石，如黄铜矿、方铅矿、闪锌矿、辉钼矿，这里矿石的成分为硫化物。混合矿石是由前面两种及两种以上矿石混合而成。

矿石按金属种类分为四种，分别为黑色金属矿石、有色金属矿石、贵重金属矿石和稀有金属矿石。黑色金属矿石，如铁、锰、铬等。这些金属矿石的金属颗粒是黑色的。有色金属矿石，如铜、锌、铅、锡、钼。锌、钨这些矿石的金属颗粒的颜色是黑色以外的。贵重金属矿石，如金、银、铂等。这些矿石的金属稳定性好，价格昂贵。稀有金属矿石，如铌、钽、铍等。这些矿石的金属在自然界数目比较少，当然也比较昂贵。按矿石品位分为贫矿和富矿。

2.1.3　矿岩的性质

由于露天开采工作的对象是矿石和岩石，因此，矿、岩的性质对采矿工作有很大影响。矿岩的性质包括很多内容，其中对开采有直接影响的主要是：

（1）结块性。爆破下来的矿、岩，如含有黏土、滑石及其他黏性微粒时，受湿及受压后，在一定时间内就能结成整块。这种使碎矿岩结成整块的性质就是结块性。它对装运、排卸工作都有较大的影响。

（2）氧化性。硫化矿石受水和空气的作用变为氧化矿石而降低选矿回收指标的性能。

（3）含水性。矿、岩吸入和保持水分的性能。含水的岩石容易造成排土场边坡的滑落，对排土工作影响较大。

（4）松胀系数。采下矿、岩的体积与其原来的整体体积之比。

（5）容重。单位体积矿、岩的重量，t/m^3。

（6）硬度。矿、岩的坚硬程度。它直接影响穿爆工作。

（7）稳固性。矿、岩在一定的暴露面下和一定时间内不塌落的性能。矿岩的节理发育程度、含水性对稳固性有很大的影响，在设计露天矿边坡时要切实加以考虑。

2.1.4 矿体埋藏条件

由于受某种地质作用的影响，由一种或数种有用矿物形成的堆积体称为矿体。与矿体四周接触的岩石称围岩。在矿体上方的围岩称上盘，反之则称下盘。

相邻的一系列矿体或一个矿体组成矿床。其质与量适于工业应用并在一定的经济和技术条件下能够开采的，谓之工业矿床，否则叫非工业矿床。影响露天开采的矿床埋藏特征主要有形状、产状和大小。

2.1.4.1 金属矿床的形状

金属矿床主要包括如下形状：

（1）脉状：主要是热液作用和气化作用将矿物质充填于地壳裂缝而成。其特点是埋藏不定和有用成分含量不均，大多数为长度较大、埋藏较深的矿体。

（2）层状：多数是由沉积生成。其特点是长度和宽度都较大，形状和埋藏条件稳定，有用成分的组成和含量比较均匀。

（3）块状：此形状矿体在空间上三个方向大小比例大致相等，其大小和形状不规则，常呈透镜状、矿巢和矿株，一般和围岩无明显界限。有色金属矿床多为此类形状。

2.1.4.2 矿床的产状要素

矿床的空间几何状态称为矿床的产状，包括走向、倾向和倾角三个要素。

（1）走向：矿体层面与水平面所成交线的方向。

（2）倾向：矿体层面倾斜的方向。

（3）倾角：矿体层面与水平面的夹角。

据倾角大小不同，矿体可分为：近水平、缓倾斜、倾斜、急倾斜矿体。对露天开采而言，可做如下划分：

（1）近水平矿体倾角在 $0°\sim10°$ 之间。

（2）缓倾斜矿体倾角在 $10°\sim25°$ 之间。

（3）倾斜矿体倾角为 $25°\sim40°$ 之间。

（4）急倾斜矿体倾角大于 $40°$。

2.1.4.3 矿体的大小

表示矿体大小的主要参数是走向长度、厚度、宽度（对水平矿体而言）或下延深度（对倾斜矿体而言）。矿体厚度又有水平厚度和垂直厚度之分。矿体上下盘边界间的水平距离称为矿体水平厚度；而矿体上下盘边界间的垂直距离则为矿体垂直厚度。一般来说，水平的和缓倾斜矿床只用垂直厚度表示。

矿体按其厚度可分为：薄矿体、中厚矿体和厚矿体。对于露天开采可做如下划分：

（1）薄矿体厚度在 0.3~0.5m 之间，对这种矿体很难进行选择开采。

（2）中厚矿体厚度为 3~10m，选择开采较易，对于水平矿体，一般用一个台阶即可开采全厚。

（3）厚矿体厚度为 10~30m 或更大，选择开采容易，对于水平矿体，一般需要几个台阶才能开采全厚。

2.2　露天开采的基本概念

2.2.1　露天开采的常用名词

露天开采常用专业名词包括：

（1）露天矿：采用露天开采方法开采矿石的露天采场。

（2）露天采场：采用露天开采的方法开采矿石，在空间上形成的矿坑，露天开采、采装运输设备，人员工作的场所。

（3）山坡露天矿：矿体赋存于地平面以上或部分赋存于地平面以上，露天采场没有形成封闭的矿坑，位于地平面以上部分的露天采场称为山坡露天矿。

（4）深凹露天矿：露天采场位于地平面以下，形成封闭圈。位于封闭圈以下部分的露天采场称为深凹露天矿。

（5）露天矿田：划归一个露天采场开采的矿床或其一部分称为露天矿田。

其中山坡露天矿和深凹露天矿如图 2-1 所示。

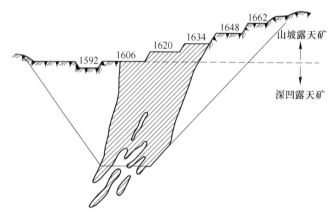

图 2-1　山坡露天矿和深凹露矿的概念

2.2.2　露天开采境界名词术语

露天矿开采终了时一般形成一个以一定的底平面、倾斜边帮为界的斗形矿坑，即露天坑。

（1）露天开采境界：是指露天采场开采终了时或某一时期形成的露天矿场，如图 2-2 的 BEFC 所示为终了境界。

（2）露天矿场边帮：是指露天开采境界四周表面部分，露天矿场边帮由台阶组成，位于开采矿体上盘的边帮称为顶帮或上盘边帮（见图 2-2 的 CD），位于开采矿体下盘的边帮称为底帮或下盘边帮（图 2-2 的 BA），位于两端的称端帮，有工作设备在上作业进行穿爆、采装工作的边帮称为工作帮（图 2-2 的 HD），否则称为非工作帮，全面完成工作的边帮称为最终边帮（图 2-2 的 BE 和 CF）。

（3）露天开采境界线：露天矿场边帮与地表平面形成的闭合交线称为地表境界线。露天矿场边帮与底平面形成的交线叫底部界线或叫底部周界。

（4）露天矿场的底：露天矿场开采终了在深部形成的底部平面，如图 2-2 的 EF 所示。

（5）最终帮坡角：是最终边帮形成的坡面与水平面的夹角也叫最终废止角，分为上盘帮坡角 γ 和下盘帮坡角 β。

（6）工作帮坡角：是指工作帮形成的坡面与水平面的夹角 φ。

（7）开采深度：是指开采水平的最高点到露天矿场的底平面的垂直距离。

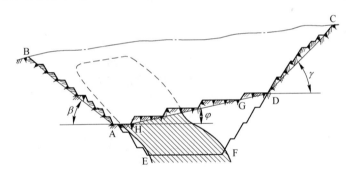

图 2-2　露天矿场构成要素

2.2.3　露天开采生产名词术语

露天开采生产专有名词术语包括：

（1）台阶：露天开采过程中，露天矿场被划分成若干具有一定高度的水平分层，这些分层称为台阶，分层的垂直高度为台阶高度，如图 2-3 所示。台阶通常以下部水平的海拔标高来标称，如台阶的上平面称为上部平台，相对其上的工作平面称为工作平盘，也以其海拔高度标称。台阶的下平面称为下部平台，上下平台间的坡面称台阶坡面，其与水平面的夹角称坡面角。台阶坡面与上部平台的交线称坡顶线，台阶坡面与下部平台的交线称坡底线。

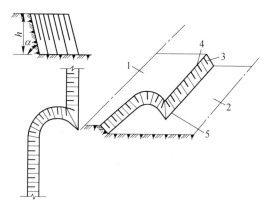

图 2-3　台阶要素图

（2）非工作平台：组成非工作帮面上的台阶上的平盘叫非工作平盘，也叫非工作平台。非工作平台按用途有清扫平台、安全平台和运输平台三种。清扫平台是非工作帮上为了清扫风化下的岩石而设立的平台，上面能运行清扫设备。安全平台是为降低最终边坡角而设立的平台，起到保证边坡稳定的作用。运输平台是为行走运输设备而设立的平台，保持矿石和废石从深部或顶部运往选矿厂或排土场。

（3）采区：采区是指位于工作平盘上的凿岩、采装、运输等设备工作的区域，沿台阶走向将某工作平盘划分为几个相对独立的采区。每个采区又称采掘带，采掘带的大小由采区长度和采掘带宽度来表示，如图 2-4 所示。

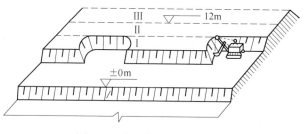

图 2-4　采掘带、采区示意图

（4）新水平准备：露天开采由高向低（深）发展过程中。需开辟新的水平形成新的台阶。这项工作叫准备新水平。准备新水平首先向下开挖一段倾斜的梯形沟段，称为出入沟。到达一定深度（台阶高度）再开挖一定长度的梯形段沟叫开段沟。深凹露天矿形成完整的梯形开段沟，山坡露天矿形成不完整的梯形开段沟。

随着开段沟的形成，接下来开始扩帮，矿山工程逐渐发展直至形成完整的露天坑。

在矿山开采设计过程中，由于各种矿床的埋藏条件不同，可能遇到下列几种情况：

（1）矿床用露天开采剥离量太大，经济上不合理，而只能全部采用地下开采。

（2）矿床上部适合于露天开采，下部适合于用地下开采。

（3）矿床全部宜用露天开采或部分宜用露天开采，另一部分目前不宜开采。对于后两种情况，都需要划定露天开采的合理界限，即确定露天开采境界。

露天开采境界的确定十分必要，因为它决定着露天矿的工业矿量、剥离总量、生产能力及开采年限，而且影响着矿床开拓方法的选择和出入沟、地面总平面布置以及运输干线的设置等，从而直接影响整个矿床开采的经济效果。因此，正确地确定露天开采境界，是露天开采设计的重要一环。

如图 2-5 所示，决定露天坑大小和形状的要素为境界三要素。露天开采境界是由露天采矿场的底平面，露天矿边坡和开采深度三个要素组成的。因此，露天开采境界应包括确定合理的开采深度、确定露天矿底平面周界和露天矿最终边坡角。在上述三项内容中，对于埋藏条件不同的矿床，确定境界的重点内容也不同。对水平或近水平矿床来说，合理确定露天采矿场底平面周界是最主要的，对于倾斜和急倾斜矿床来说，主要是确定合理的开采深度，对于地质条件复杂、岩层破碎、水文地质条件较差的矿床，如何确定露天矿的最终边坡角，以保证露天矿安全、经济地进行生产，就将成为主要问题。由此可见，在确定露天开采境界时，应针对具体的矿床条件，找出关键问题，综合研究各方面的影响因素，合理地加以解决。

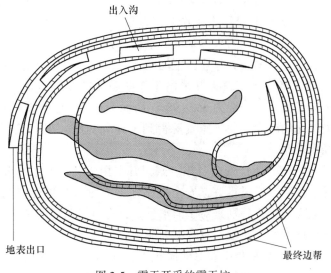

图 2-5　露天开采的露天坑

2.2.4 露天开采的特点

矿产资源是工业的粮食，矿业是国民经济的基础产业，是现代工业和工业文明的基石。目前我国大约有露天矿 1200 多个，采出的矿石量占总采出矿石量的三分之二。根据矿床的埋藏条件，其开采方法主要分为以下三种：

（1）露天开采。矿床埋藏较浅，甚至出露地表。矿床规模较大，需要以较大的生产能力来开采。露天开采只要将上部覆土及两盘围岩剥离，不需要大量的井巷工程，就可以开采有用矿石，且露天开采作业条件方便、安全程度高、环境好、生产安全可靠、生产空间不受限制。为大型机械设备的应用能够实行机械化作业创造了良好的条件。开采强度大、劳动生产率高、经济效益好。

（2）地下开采。地下开采适用于矿床规模不大，埋藏较深的矿体，是通过开挖大量的井巷工程接触矿体，通过一定的工艺采出有用矿石。由于作业空间狭窄，大型机械应用困难，生产能力受到限制，作业环境恶劣，需要通风、排水等系统，劳动生产率低，损失贫化较大。

（3）其他方法开采。对于赋存条件特殊的矿床如砂矿、海洋矿床等，可以采用水力开采、采金船开采、海洋采矿、化学采矿等。

露天开采和地下开采的比较，露天开采具有下列优点：

（1）建设速度快。露天矿由于作业条件好，能够采用大型机械化设备，生产效率高，生产工艺相对简单。建设一个大型露天矿一般需要 1~2 年时间。建设一个相同规模的地下矿时间需要增加一倍。

（2）劳动生产率高。露天矿能采用大型、特大型高效率的机械化采挖机械，作业条件好。生产安全可靠，劳动生产率一般能达到地下开采 3~5 倍。

（3）开采成本低。由于露天矿作业区范围大，大型、特大型机械设备的使用，劳动生产率的提高，使露天开采的成本较低，为地下开采的一半。但随开采深度的增加，剥离量的增大，作业区范围的减小，成本会逐渐增大。

（4）矿石损失贫化小。露天开采由于作业条件的改善，开采工艺简单，使露天开采的损失贫化小，一般为 3%~9%。而地下开采一般为 5%~10%。甚至更大。由于损失贫化的减少，使国家资源得到了充分利用，减少了选矿的处理量，相应提高了经济效益。

（5）作业条件好，生产安全可靠。露天开采由于在阳光下作业，工作环境、温度、湿度易于控制，通风良好，安全性比地下有很大程度的提高，受到水灾、火灾、塌方的危险减小，特别是对于涌水量大，有自燃条件的矿床更为重要。

露天开采与地下开采比较，具有下列缺点：

（1）初期投资大。露天开采占地面积大，应用大型机械化设备。这两项的初期投资比较大，对于埋藏稍深的矿体由于初期需要剥离大量的岩土，剥离费比较高。这也增加了初期的投资。

（2）环保能力差。由于露天开采的矿坑面积大，剥离的大量岩土需地方堆放。因此，露天开采需要占用大面积土地，造成大面积土地植被遭到破坏，特别是剥离的岩土复垦绿化比较困难，长期裸露对环境的破坏较大，剥离的岩土渗出的雨水污染比较严重，治理费用比较高。

（3）工作条件受气候影响较大。由于是露天作业，工作环境受气候的影响比较大。如暴雨、飓风、严寒气候条件无论对人还是设备都会造成巨大的影响。

总体而言，露天开采无论从技术上，还是经济上都有明显的优越性。决定了它在开采方法的选择上的优越性，无论从我国还是世界上来看，大部分矿石都是由露天开采方法获得的，特别是澳大利亚、美利坚合众国、巴西共和国、俄罗斯这些国家露天开采的比例更大，占到80%以上。我国铁矿石化工原料矿石80%都是露天开采获得的，有色金属矿石的比例大约50%。

2.3　露天开采的步骤

2.3.1　准备阶段

金属矿床露天开采经过地质勘探部门确定储量后，对矿床首先要进行开采的可行性研究，可行性研究要解决此矿床有没有利用价值。能否达到工业化开采要求。在可行性研究中要涉及矿石的品位、储量、埋藏条件、矿石综合处理难易程度、市场需求状况、开采方法。经过初步的可行性研究，完成可行性论证报告，确定开采方法。开采方法一般来说有3种：完全地下开采、完全露天开采、上部露天开采结合下部的地下开采。对后面两种情况都要进行露天开采的初步设计，初步设计在必备的地质资料基础上，要完成下列工作：确定露天开采境界、验证露天矿生产能力、确定露天开采的开拓方法、矿石废石的运输方法、线路布置、选择穿孔、爆破、采装、运输、排土等机械的类型、数量。布置地面工业场地，确定购地范围和时间，道路土建工程的数量、工期，计算人员及电力、水源和主要材料的用量。编制矿山基本建设进度计划，计算矿山总工程量，总投资等技术经济指标，初步设计经投资方通过后还要进行各项工程的施工设计，然后可以开采。

2.3.2　基本建设阶段

基本建设阶段，首先必须排除开采范围内的建筑物、障碍物、砍伐树木、改道河流、疏干湖泊、拆迁房屋、处理文物、道路改线，对于地下水大的矿山要预先排除开采范围内的地下水，处理地表水、修建水坝和挡水沟隔绝地表水，防止其流入露天采场。这些准备工作完成后要进行矿山的前期建设，电力建设包括输电线，变电所。工业场地建设包括机修车间，材料仓库，生活办公用房；生产建设包括选矿厂，排土场、矿石、废石、人员、材料的运输线路，生产辅助建设包括照明、通讯等，最后进行表土剥离，出入沟和开段沟准备新水平。随着工程的发展矿山由基建期向投产期以至达产期发展。

2.3.3 正常生产阶段

露天矿正常生产是按一定生产程序和生产进程来完成的。在垂直延伸方向上是准备新水平过程，首先掘进出入沟，然后开挖开段沟。在水平方向上是由开段沟向两侧或一侧扩帮（剥离和采矿），扩帮是按一定的生产方式完成的，其生产过程分为穿孔、爆破、采装、运输、排土5个环节。穿孔和爆破是采用大型潜孔钻机或牙轮钻机钻凿炮孔，装填炸药爆破岩石，将矿岩从母岩上分离下来。采装是采用电铲或挖掘机将矿岩装上运输工具，一般为汽车或火车。运输是采用汽车，火车或其他运输工具将矿石运往选矿厂，将废石运往排土场。排土是采用各种排土工具（电铲，推土机，推土犁）在排土场上的废石及表土按合理工艺排弃，以保持排土场持续均衡使用。

2.3.4 生态恢复阶段

随着矿山开采的终了，占地面积也达到了最大，为了保护环境，促进生态平衡，必须进行必要的生态恢复工作，覆土造田，绿化裸露的场地，处理排土场渗水，保证露天采场的安全。

露天开采要遵循"采剥并举，剥离先行"的原则，要按生产能力和三级矿量保有的要求超前完成剥离工作，使矿山持续、稳定、均衡地生产，避免采剥失调，剥离欠量，掘沟落后，生产失衡的局面。

2.4 露天开采的生产工序

矿床开采过程中，矿山生产工艺较多，包括穿孔、爆破、采装、运输和排土等五大生产工序，另外还有地质、防排水、边坡、环保四项辅助工作。露天采矿的所有工作均围绕"穿孔、爆破、采装、运输和排土"这五大生产工序进行，且是相互联系、相互影响的，下面简单介绍一下露天开采的五大生产工序。

2.4.1 穿孔作业

穿孔作业是用凿岩机具在矿岩内钻凿一定直径和深度的定向爆破炮孔的作业，是金属矿山开采的首要工序，直接影响后续的爆破、采装、运输等后续工序。

截至目前，按破碎矿岩的方式，露天矿山生产中曾经广泛使用的穿孔方式，可以分为热力破碎穿孔和机械破碎穿孔两种。相应的穿孔设备有火钻、钢绳冲击钻机、潜孔钻、牙轮钻和凿岩台车。现代露天矿普遍应用潜孔钻和牙轮钻，火钻和凿岩台车仅仅在某些特定条件下使用，钢绳冲击钻机已经被淘汰。

近年来，国内外一些专家仍在探索新型穿孔方法，如频爆凿岩、激光凿岩、超声波凿岩、化学凿岩及高压水射流凿岩等，但相应的凿岩设备还处于研制状态，技术经济指标还不佳，尚未在实际矿山生产中广泛应用，机械凿岩仍然是当前矿山穿孔的绝对主力。对于机械破碎穿孔而言，根据采用的机具和孔底岩石的破碎机理，可将穿孔方式分为冲击式、旋转式、旋转冲击式和滚压式四种，与之相对应的钻机类型如表2-1所示。

表2-1 钻孔方式与钻机类型对照表

钻孔方式	钻机名称	钻机形式	钻机重量
冲击式钻机	风动凿岩机	手持式	<30kg
		气腿式	<30kg
		导轨式	38~80kg
		向上式	45kg
	电动凿岩机	水（气）腿式	25~30kg
		架钻式	
	液压凿岩机	导轨式	130~360kg
	内燃凿岩机	手持式	<30kg
旋转式钻机	煤电钻	手持式	<18kg
	岩石电钻	导轨式	5~40kg
		架钻式	
	液压钻	导轨式	65~75kg
旋转冲击式	潜孔钻机	架钻式	150~360kg
		台车式	6~45t
滚压式	牙轮钻机		80~120t

2.4.2 爆破作业

爆破工作是露天采矿的又一重要工序，在矿山剥离和采矿作业中经常使用，指通过引爆爆破炮孔内装填的炸药瞬间释放巨大的能量来破碎矿岩，并把矿岩从矿体中剥落下来，按工程要求破碎成一定的块度，形成一定的爆堆，其目的是为采装、运输和粗破碎提供爆破后的矿岩。

露天矿爆破主要有生产台阶的正常爆破和临近边坡的控制爆破两种。爆破作业的主要工艺顺序包含装药、堵塞、连网、爆破警戒、起爆、爆后检查和解除警戒等环节。

露天台阶爆破是在露天采场的台阶上进行的，每个台阶至少有倾斜和水平两个自由面。在水平面上进行爆破施工作业，爆破岩石朝着倾斜自由面的方向崩落，然后形成新的台阶坡面。炮孔及台阶坡面如图2-6所示，h_t为台阶高度，l为钻孔深度，l_1为堵塞长度，l_2为装药长度，b为排距，a为孔距，B为安全距离，W为最小抵抗线，$W_底$为底盘抵抗线，h_c为炮孔超深。当前，露天矿山台阶爆破最主要采取毫秒微差起爆技术和逐孔起爆技术，其在爆破振动控制、矿岩破碎块控制、爆堆形态控制等方面具有明显优势，可减低炸药单耗，提高穿孔的延米爆破量，节约爆破施工成本。

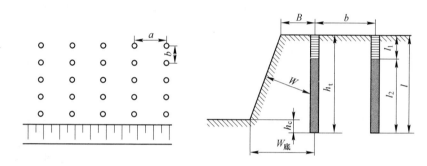

图 2-6　露天深孔台阶爆破要素

露天矿开采至最终境界，爆破工作涉及保护边坡稳定的问题。影响边坡稳定的因素包括水文地质条件、边坡设计和使用特性、边坡开挖方式等，爆破是其中的一个重要因素。露天矿山边坡控制爆破主要采用中深孔进行预裂爆破、光面爆破或缓冲爆破三种方法，对于要求特别高的边坡，也有采用小直径、小台阶逐层开挖的方法。

2.4.3　采装作业

采装作业是指用一定的采掘设备将矿岩从整体或爆堆中采出来，并装入运输或转载设备，或直接卸在指定地点。

采装作业是露天矿全部生产过程的中心环节，其工艺过程和生产能力在很大程度上决定了露天矿的开采方式、技术水平、矿床开采强度及矿山的总体经济效益指标。采装作业的理论基础是岩石的可挖性，改善采装工艺的关键，是使采装设备的选型与采装工作曲线参数互相适应，主机和辅助作业设备的良好匹配。

采装作业所用的设备类型很多，主要有挖掘机（主要有单斗机械铲、拉铲、多斗铲）、装载机、铲运机及推土机和螺旋钻等。矿床露天开采设备，按照功能特征可分为采装设备和采运设备，各种单斗挖掘机属于采装设备，铲运机和推土机属于采运设备，装载机既是采装设备也是采运设备。各种采掘设备在技术上的适应性和利用率取决于岩石的可挖性、矿床贮存特点、设备生产能力、露天矿生产规模、挖掘方式、相邻工序的作业设备、采场要素和气候条件等因素。

2.4.4 运输作业

露天矿山工程最直观的结果就是大量矿岩移运造成地形地貌的改变。在对露天采场长年累月的开采中，移山填谷、峰壑互易的客观效果都是通过矿岩运输过程逐渐完成的。据统计，露天矿山的运输系统投资往往占矿山基建总投资的60%左右，运输的作业成本往往占矿石开采总成本的40%~50%，能源消耗约占矿山总能耗的40%~60%，运输作业的劳动量占露天开采总劳动量的一半以上。

露天矿运输的基本任务就是分别将已装载到运输设备中的矿石运送到贮矿场、破碎站或选矿场，将废石、废土运往排土场。露天矿的主要运输方式包括公路汽车运输、铁路机车运输、带式输送机运输、斜坡箕斗提升运输、架空索道运输等。公路汽车运输是目前运用最广泛的露天矿运输方式，最主要的矿山运输设备是后卸式汽车，尤其是整体式车架的两轴六轮后卸式汽车，包括机械传动汽车、液力机械传动汽车、电力传动汽车和双能源自卸汽车等。

2.4.5 排土作业

露天开采的一个重要特点就是必须首先剥离覆盖在矿床上部及其周围的表土和岩石，暴露出矿石，再实施矿石的开采。因此，矿床上部及其周围的表土和岩石的剥离和排弃工作，是矿床露天开采过程中不可缺少的生产环节，通常情况下剥离量是采矿量的几倍，甚至十几倍、几十倍。

为了保证露天矿山能够安全、持续地进行矿石的采掘作业，必须将剥离的土岩运输到指定的场地进行堆存，这一作业过程称为露天生产工艺中的排土作业，接受排弃土岩的场所称为排土场。按照排土场与露天矿的相对位置，排土场可分为内部排土场和外部排土场。内部排土场就是将剥离土岩直接排弃在露天采场的采空区内，外部排土场是指排土场布置在露天采矿境界之外。

露天矿排土机械有推土机、电铲、排土犁、前装机和胶带排土机等。一般来说，汽车运输选用推土机做辅助推土、平整工作，铁路运输一般可以选用电铲、排土犁或前装机倒运，连续或半连续运输选用胶带排土机排土。另外针对内排土场，也有采用铲运机或索斗铲排土的。

2.5　露天开采的采剥程序

2.5.1　台阶的推进方式

简单地讲，露天开采是从地表开始逐层向下进行的，每一水平分层称为一个台阶。一个台阶的开采使其下面的台阶被揭露出来，当揭露面积足够大时，就可开始下一个台阶的开采即掘沟。掘沟为一个新台阶的开采提供了运输通道和初始作业空间，完成掘沟后即可开始台阶的侧向推进。随着开采的进行，采场不断向外扩展和向下延伸，直至到达设计的最终境界。刚完成出入沟和开段沟掘进时，沟内的作业空间非常有限，汽车须在沟口外进行调车，倒入沟内装车，如图 2-7（a）所示；当在沟底采出足够的空间时，汽车可直接开到工作面进行调车，如图 2-7（b）所示；随着工作面的不断推进，作业空间不断扩大，从新水平掘沟开始，到新工作台阶形成预定的生产能力的过程，叫作新水平准备。

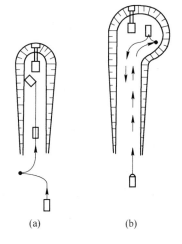

图 2-7　台阶推进示意图

工作台阶的推进有垂直推进方式和平行推进方式。

2.5.1.1　垂直推进采掘

垂直采掘时，电铲的采掘方向垂直于台阶工作线走向（即采区走向），与台阶的推进方向平行，如图 2-8 所示。开始时，在台阶坡面掘出一个小缺口，而后向前、左、右三个方向采掘。图 2-8 所示是双点装车的情形。电铲先采掘其左前侧的爆堆，装入位于其左后侧的汽车；装满后，电铲转向其右前侧采掘，装入位于其右后侧的汽车。这种采装方式的优点是电铲装载回转角度小，装载效率高；缺点是汽车在电铲周围调车对位需要较大的空间，要求较宽的工作平盘。当采掘到电铲的回转中心位于采掘前的台阶坡底线时，电铲沿工作线移动到下一个位置，开始下一轮采掘。

2.5.1.2　平行推进采掘

平行采掘时，电铲的采掘方向与台阶工作线的方向平行，与台阶推进方向垂直。如图 2-9 所示即为平行采掘推进。根据汽车的调头与行驶方式（统称为供车

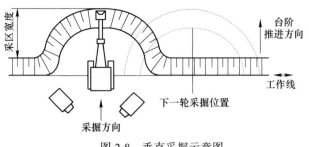

图 2-8　垂直采掘示意图

方式），平行采掘可进一步细分为许多不同的类型。分为单向行车不调头和双向行车折返调头。

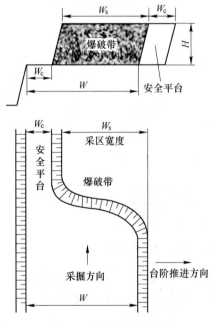

图 2-9　平行采掘推进

单向行车不调头平行采掘，如图 2-10 所示，汽车沿工作面直接驶到装车位置，装满后沿同一方向驶离工作面。这种供车方式的优点是调车简单，工作平盘只需设单车道。缺点是电铲回转角度大，在工作平盘的两端都需出口（即双出入沟），因而增加了掘沟工作量。

双向行车折返调车平行采掘，如图 2-11 所示，空载汽车从电铲尾部接近电铲，在电铲附近停车、调头，倒退到装车位置，装载后重车沿原路驶离工作面。这种供车方式只需在工作平盘一端设有出入沟，但需要双车道。图 2-11 所示是

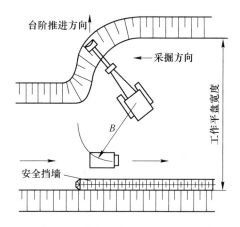

图 2-10　单向行车不调头平行采掘

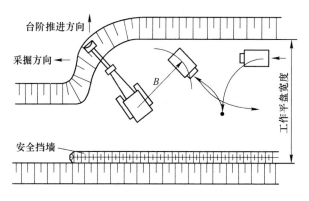

图 2-11　双向行车折返调车平行采掘（单点装车）

单点装车的情形。空车到来时，常常需等待上一辆车装满驶离后，才能开始调头对位；而在汽车调车时，电铲也处于等待状态。为减少等待时间，可采用双点装车。

　　如图 2-12 所示，汽车 1 正在电铲右侧装车。汽车 2 驶入工作面时，不需等待即可调头、对位，停在电铲左侧的装车位置。装满汽车 1 后，电铲可立即为汽车 2 装载。当下一辆汽车（汽车 3）驶入时，汽车 1 已驶离工作面，汽车 3 可立即调车到电铲右侧的装车位置。这样左右交替供车、装车，大大减少了车、铲的等待时间，提高了作业效率。

　　其他两种供车方式如图 2-13 所示。图 2-13（a）为单向行车-折返调车双点装车，图 2-13（b）为双向行车-迂回调车单点装车。由于汽车运输的灵活性，还有许多可行的供车方式。

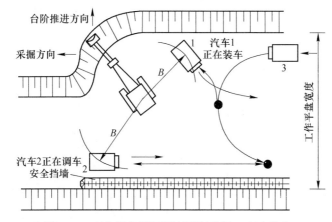

图 2-12 双向行车折返调车平行采掘（双点装车）

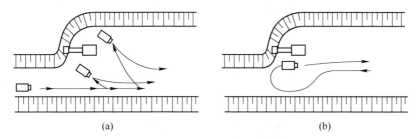

(a)   (b)

图 2-13 其他供车方式示意图

2.5.2 工作线布置与扩展方式

依据工作线的方向与台阶走向的关系，工作线的布置方式可分为纵向、横向和扇形三种。

纵向布置时，工作线的方向与矿体走向平行，如图 2-14 所示。这种方式一般是沿矿体走向掘出入沟，并按采场全长开段沟形成初始工作面，之后依据沟的位置（上盘最终边帮、下盘最终边帮或中间开沟），自上盘向下盘、自下盘向上盘或从中间向上、下盘推进。

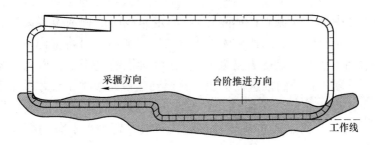

图 2-14 纵向工作面布置示意图

　　横向布置时，工作线与矿体走向垂直，如图 2-15 所示。这种方式一般是沿矿体走向掘出入沟，垂直于矿体掘短段沟形成初始工作面，或不掘段沟直接在出入沟底端向四周扩展，逐步扩成垂直矿体的工作面，沿矿体走向向一端或两端推进。由于横向布置时，爆破方向与矿体的走向平行，故对于顺矿层节理爆破和层理较发育的岩体，会显著降低大块与根底，提高爆破质量。由于汽车运输的灵活性，工作线也可视具体条件与矿体斜交布置。

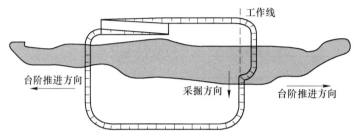

图 2-15　横向工作面布置示意图

　　扇形布置时，工作线与矿体走向不存在固定的相交关系，而是呈扇形向四周推进，如图 2-16 所示。这种布置方式灵活机动，充分利用了汽车运输的灵活性，可使开采工作面尽快到达矿体。

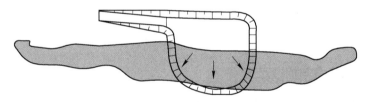

图 2-16　扇形工作面布置示意图

　　一个台阶的水平推进，使其所在水平的采场不断扩大，并为其下面台阶的开采创造条件；新台阶工作面的拉开，使采场得以延深。台阶的水平推进和新水平的拉开，构成了露天采场的扩展与延深。

　　图 2-17 所示的采场扩延过程是新水平的掘沟位置选在最终边帮上，出入沟固定在最终边帮上不再改变位置，这种布线方式称为固定式布线。由于矿体一般位于采场中部（缓倾斜矿体除外），固定布线时的掘沟位置离矿体远，开采工作线需较长时间才能到达矿体。为尽快采出矿石，可将掘沟位置选在采场中间（一般为上盘或下盘矿岩接触带），在台阶推进过程中，出入沟始终保留在工作帮上，随工作帮的推进而移动，直至到达最终边帮位置才固定下来。这种方式称为移动式布线。采用移动式布线时，台阶向两侧推进或呈扇形推进（图 2-18）。无论是固定式布线还是移动式布线，新水平准备的掘沟位置都受到一定的限制。

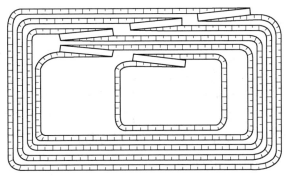

图 2-17 直进-回（折）返式固定布线示意图

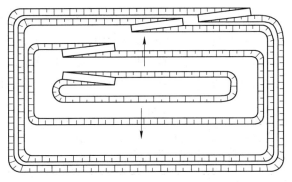

图 2-18 直进-回（折）返式移动式布线示意图

图 2-19 所示的采场扩延过程的一个特点是新水平的掘沟位置选在最终边帮上，台阶的出入沟沿最终边帮成螺旋状布置故称为螺旋布线。

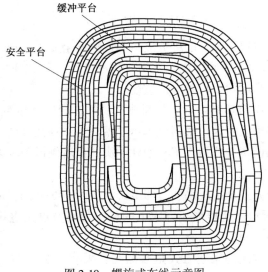

图 2-19 螺旋式布线示意图

2.5.3　新水平准备方式

如前所述，露天开采是分台阶进行的。采装与运输设备是在台阶的下部平面水平作业，为使采运设备到达作业水平，必须在新台阶开始位置开一道斜沟而后掘进开段沟形成初始工作面向前、向外推进。因此，掘沟是新台阶开采的开始。

按运输方式的不同，掘沟方法可分为不同的类型，如汽车运输掘沟、铁路运输掘沟、无运输掘沟等。现在大部分露天矿掘沟都采用汽车运输，山坡露天矿与深凹露天矿的掘沟方式有所不同。

2.5.3.1　深凹露天矿掘沟

如图 2-20 所示，假设 152m 水平已被揭露出足够的面积，根据采掘计划，现需要在被揭露区域的一侧开挖通达 140m 水平的出入沟，以便开采 140~152m 台阶。掘沟工作一般分为两阶段进行：首先挖掘出入沟，以建立起上、下两个台阶水平的运输联系；然后开掘段沟，为新台阶的开采推进提供初始作业空间。

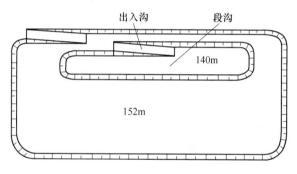

图 2-20　出入沟与段沟示意图

出入沟的坡度取决于汽车的爬坡能力和运输安全要求。现代大型露天矿多采用载重 100t 以上的大吨位矿用汽车，出入沟的坡度一般在 8%~10% 左右。出入沟的长度等于台阶高度除以出入沟的坡度。

出入沟由于工作面倾斜，工作空间狭窄，推进台阶深度变化给穿孔、爆破、采装、运输均带来很大困难。采用汽车运输掘沟有下列几种调车方式。

最节省空间的调车方式是汽车在沟外调头，而后倒退到沟内装车，如图 2-21 和图 2-22 所示。

最常用的采装方式是中线采装，即电铲沿沟的中线移动，向左、右、前三方挖掘，如图 2-21 所示。这种采装方式下的最小沟底宽度是电铲在左、右两侧采掘时清底所需要的空间。

另一种更省空间的采装方式是双侧交替采装，如图 2-22 所示。电铲沿左右两条线前进，当电铲位于左侧时，采掘右前方的岩石，装入停在右侧的汽车；而后电铲移到右侧，采装左前方的岩石，装入停在左侧的汽车。

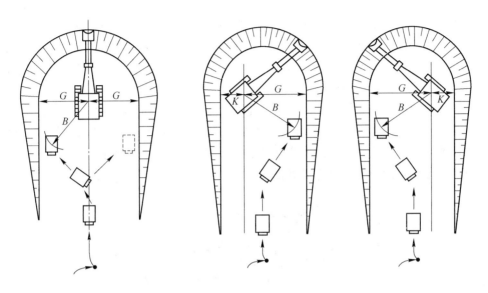

图 2-21 沟外调头中线采装   图 2-22 沟外调头双侧交替采装

采用沟外调头、倒车入沟的调车方式虽然节省空间，但影响行车的速度与安全，因此有的矿山采用沟内调车的方式，包括沟内折返和环形调车（图 2-23 和图 2-24）。

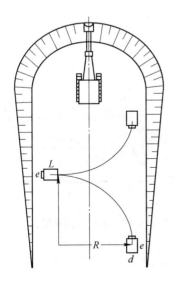

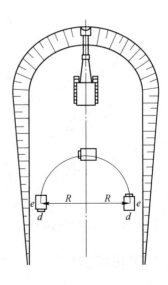

图 2-23 沟内折返调车   图 2-24 沟内环形调车

2.5.3.2　山坡露天矿掘沟

在许多矿山，最终开采境界范围内的地表是山坡或山包，如图 2-25 所示，在山坡地带的开采也是分台阶逐层向下进行的。与深凹开采不同的是，不需要在平地向下掘沟以到达下一水平，只需要在山坡适当位置拉开初始工作面就可进行新台阶的推进。初始工作面的拉开称之为掘沟。山坡上掘出的"沟"是仅在向山坡的一面有沟壁的单壁沟。

如果山坡为较为松散的表土或风化的岩石覆盖层，可直接用推土机在选定的水平推出开采所需的工作平台，如图 2-26 所示。如果山坡为硬岩或坡度较陡，则需要先进行穿孔爆破，然后再行推平。山坡单壁沟也可用电铲掘出，如图 2-27 所示，电铲将沟内的岩石直接倒在沟外的山坡堆置，不再装车运走。

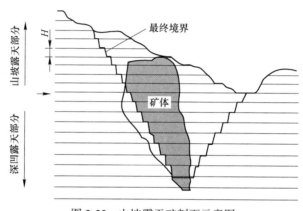

图 2-25　山坡露天矿剖面示意图

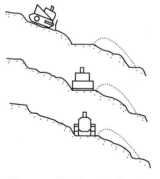

图 2-26　推土机开掘单壁沟

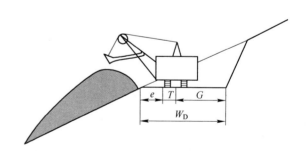

图 2-27　电铲开掘单壁沟

2.5.3.3　采场的延深

现在以螺旋坑线为例说明采场的延深方法，假设一露天矿最终境界内的地表地形较为平坦，地表标高为200m，台阶高度为12m，图2-28是该露天矿扩延过程示意图。首先在地表境界线的一端沿矿体走向掘沟到188m水平，如图2-28（a）所示。出入沟掘完后在沟底以扇形工作面推进，如图2-28（b）所示。当188m水平被揭露出足够面积时，向176m水平掘沟，掘沟位置仍在右侧最终边帮，如图2-28（c）所示。之后，形成了188~200m台阶和176~188m台阶同时推进的局面，如图2-28（d）所示。随着开采的进行，新的工作台阶不断投入生产，上部一些台阶推进到最终边帮（即已靠帮）。若干年后，采场现状变为如图2-28（e）所示。当整个矿山开采完毕时便形成了如图2-28（f）所示的最终境界。从图2-28可以看出，在斜坡道之间留有一段水平（或坡度很缓的）道路，称为缓冲平台。

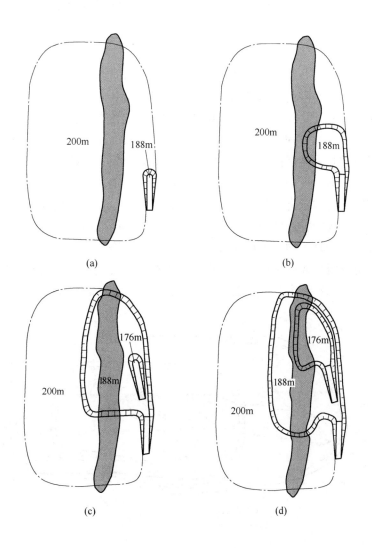

(a)　　　　　　　　　(b)

(c)　　　　　　　　　(d)

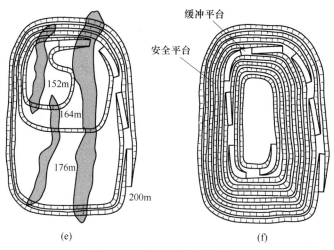

图 2-28　采场延深过程示意图

　　无论是固定式布线还是移动式布线，以及螺旋坑线开拓，新水平准备的掘沟位置都受到一定的限制，这在固定螺旋式布线时尤为明显。这种限制会使新水平准备延缓，影响开采强度。在实践中，可充分利用汽车运输灵活机动的特点，以掘进临时出入沟的方式，尽早进行新水平准备。临时出入沟一般布置在既有足够的空间又急需开采的区段（图 2-29（a））。临时出入沟到达新水平标高后，以短段沟或无段沟扇形扩展（图 2-29（b））。临时出入沟一般不随工作线的推进而移动。当固定出入沟掘进到新水平并与工作面贯通后，汽车改用固定出入沟，临时出入沟随工作线的推进而被采掉（图 2-29（c））。在采场扩延过程中，每一台阶推进到最终边帮时，均与上部台阶之间留有安全平台。在实际生产中，常常在最终边帮上每隔两个或三个台阶留一个安全平台，将安全平台之间的台阶合并为一个"高台阶"，称为并段。图 2-29（c）中，152～164m 台阶与 164～176m 台阶并段。

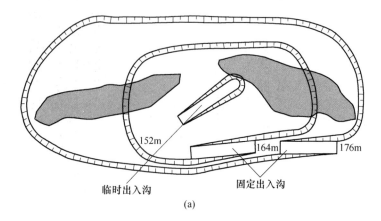

(a)

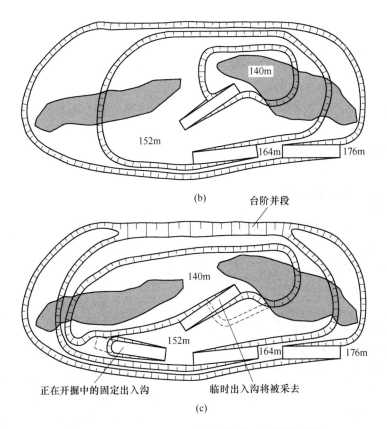

(b)

台阶并段

(c)

正在开掘中的固定出入沟　　　临时出入沟将被采去

图 2-29　采用临时出入沟的采场扩延过程示意图

3 采空区的形成、分类与危害

3.1 采空区概念及基本特征

3.1.1 采空区的基本概念

地下开采是矿产资源开采的主要方式之一，在矿山开采的过程中，通过机械切割或者爆破技术，将矿石从矿床分离出来，就形成了采空区。采空区是指地下矿产被采出后留下的空洞区。

矿山在未受人为开采影响时，处于原岩应力状态，整体上稳定性较好。但为了采出地下矿山赋存的矿石，布置了一系列的巷道和工作面，使得局部区域的空间关系和稳定性受到了极大的影响，出现了矿山开采过程中未能得到有效处理的空间，这部分区域就称为采空区。由于专家学者们对采空区的定义并没有达成统一共识，常用的概念有"采矿以后不再维护的地下和地面空间""人们在地下大面积采矿或为了目的在地下挖掘后遗留下来的矿坑或洞穴"等。通过这些概念可以发现，广义的采空区包括矿山开采过程形成的井巷和工作面等，但实际上开采矿体所形成的采空区，才会对矿山的安全管理工作产生极大的影响。

非科学化开采使得矿石开采区域的稳定性难以保证，虽然形成的采空区为有限空间，但在上覆岩层压力作用下，若支护不及时、不合理或无支护手段，极易引起顶板垮落或者片帮问题，可能造成周期来压。因此，采空区的存在，伴随着矿压现象，对安全管理造成了严重的安全隐患。采空区的存在，是一个长期蠕变变形直至趋于稳定的状态，受爆破振动影响，采空区的范围及稳定性不断变化，需要尤为注意。

3.1.2 采空区的安全现状

天然岩体本来处于自然平衡状态，由于开采矿床，必须在岩体中开挖各式各样的空间（如巷道、采场），这就破坏了岩体的自然平衡状态，采掘空间改变了岩体的原始应力场而产生次生应力场。在次生应力场作用下，采掘空间周围的岩体发生变形、甚至破坏和移动，一直达到新的平衡为止。由于历史原因，造成我国矿山开发秩序混乱，出现大量无证勘探和开采、越界开采和乱采滥挖等民采小矿的各类违法违规行为，不仅导致矿山布局不合理、经营粗放、资源浪费和环境破坏，还在矿区留下了大量的不明采空区、废弃巷道等，对矿山的安全生产构成极大威胁，并对地面建筑和其他地面工程构筑物的稳定性产生危害。地采转露天复采矿山，随着露天开采的持续，采空区顶板不断变薄，顶板承受能力减弱，在开采区域内重载车辆密集作业，容易造成不明采空区陷落造成安全事故。我国大约有 53.5% 的各类矿山采用空场采矿法，地下未处理采空区体积超过 250 亿立方米。

我国是世界上矿山生产第一大国，据有关部门统计，我国 2012 年铁矿石原矿产量 13 亿吨，10 种有色金属产量 3672 万吨，黄金 403 吨。目前我国拥有 1 万多座地下金属矿山，地下矿石产量占冶金矿山的 30%，有色矿山的 90%、黄金矿山的 85%、核工业矿山的 60%。每年从地下开采矿石总量超过 50 亿吨。据有关部门保守估算，我国矿山采空区体积累计超过 250 亿立方米，相当于三峡水库的容量，可以使上海市区整体塌陷 30 多米，故地下采空区对工程的危害是显著的。随着全球矿产资源的争夺进一步升级，原本不太引人注意的采空区隐患资源也日益受到世人关注，据不完全统计，这部分资源目前已经占到我国有色金属、煤矿资源 1/3，对于我国矿山的可持续发展和和谐社会的建设具有重要的意义，将成为我国矿业发展的重要接替资源。

大量未处理的采空区，严重影响着井下开采的安全，也威胁着周围居民的生命财产安全和生态环境安全，成为金属、非金属矿山重大危险源之一。近些年对矿物资源需求的大幅增长，迫使我国大幅度提高矿山开采强度，采空区数量大量增加，事故也随之逐年增加。国家安监总局于 2014 年 6 月 17 日颁布第 67 号令，明文规定金属非金属地下矿山企业"必须加强顶板管理和采空区监测、治理"。采空区稳定是保证矿山企业正常生产的关键因素之一。

然而，由于矿山的一次开采或民采因素，在次生应力和动力扰动的共同作用下，这部分资源的矿岩稳固性受到了很大的破坏，空区围岩呈现出矿岩破碎、稳定性和坚固性差、应力集中、地下导水突水通道多等基本特点。在各种致灾因子的共同作用下，采空区围岩结构系统的自身结构在时间和空间上不断发生动态演化，稳定性朝向劣化方向发展，一旦条件成熟（达到某一阈值），即可引发大面积顶板冒落和围岩移动、地表塌陷、高速气浪、冲击波等大规模地质灾害事故，给矿山生产带来了严重的安全隐患。

自 2006 年国务院办公厅下发《对矿产资源开发进行整合的意见》以来，我国开展了大规模的矿山整合行动，系列影响大矿开采的小矿、一矿多开和小矿密集区相继被整合。整合后使我国矿山开采有了较为明显的改观，明显提高了矿山开发的合理性和矿产资源的有效利用率。然而，由于原有一些小型矿企和私营矿主的非正常采矿，尤其是大量非法、无规划的乱采滥挖在矿山周边留下大量的不明采空区，对进行整合后的大型矿山企业采用露天开采方式仍产生严重安全威胁。

3.2　金属矿井下开采形成的采空区

采空区是由于矿石开采形成的有限空间，但往往存在严重的安全隐患。依据金属矿山开采方式的差异性，可以分为空场法形成的采空区、充填法形成的采空区以及崩落法形成的采空区。总的来说，金属矿开采形成的采空区一般具有以下几个显著特征：

（1）采空区的产生是矿石开采的伴随现象，目前难以避免，充填法采矿过程中也会形成采空区。

（2）采空区的存在，可能造成矿压显现现象加剧，甚至引起地表塌陷，对矿山的安全生产影响较大，需要及时处理。

（3）采空区的安全隐患隐蔽性强，需要较长时间才能达到平衡状态。

了解金属矿井下开采方法，对金属矿地采转露天复采时遇到的采空区进行隐患分析评估、采空区防治等工作均大有裨益。

3.2.1　空场法形成的采空区

空场法一般适用于开采矿石和围岩都很稳固的矿床，形成的采空区在一定时间内，允许有较大的暴露面积。目前较为常用的包括房柱法、浅孔留矿法及阶段矿房法，不同的采矿方法形成的采空区形态及稳定性差异性并不相同。

3.2.1.1　房柱法形成的采空区

房柱采矿法是金属矿空场法采矿的一种，在划分矿块的基础上，将矿房和矿柱互相交替排列，而在回采矿房时留下规则的或者不规则的矿柱来控制矿压显现。如图 3-1 所示为房柱法开采示意图。

根据该方法的特征可知，房柱法开采形成的采空区主要是由矿柱和顶板两部分组成，因此采空区稳定性主要取决于矿柱和顶板的特征，即矿柱结构、高度和宽度；顶板的完整程度及矿岩组成成分等方面。该方法形成的采空区体积往往较大，矿房长度一般为 40~60m，宽度在 8~20m 左右，采空区的暴露面积较大，且放置时间较长，基本上无相应的支护手段，故要求矿柱和围岩的强度要高，自稳性能要好。

3.2.1.2　浅孔留矿法形成的采空区

浅孔留矿法主要适用于矿石和围岩稳固矿体厚度小于 5~8m 的急倾斜矿体，且在我国金属矿山地下开采中，如图 3-2 所示，应用较为广泛。根据留矿法的工艺特征可知，采用该方法形成的采空区具有体积较小、容易观测、形态狭长、暴露时间较长等特点。

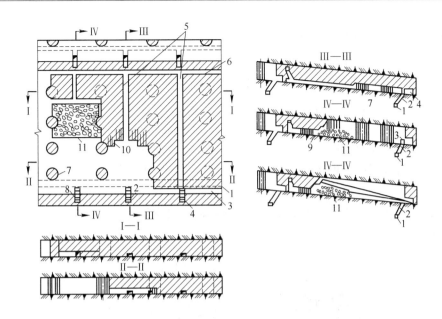

图 3-1　房柱法开采示意图

1—运输巷道；2—放矿溜井；3—切割平巷；4—电耙硐室；5—上山；6—联络平巷；

7—矿柱；8—电耙绞车；9—凿岩机；10—炮孔；11—矿石

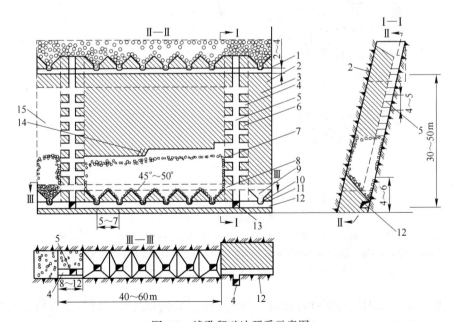

图 3-2　浅孔留矿法开采示意图

1—上阶段运输巷道（回风巷道）；2—顶柱；3—采准矿块；4—人行通风道；5—人行通风天井；

6—间柱；7—崩落的矿石；8—拉底巷道；9—漏斗；10—漏斗颈；11—底柱；12—阶段运输巷道；

13—排水沟；14—炮孔；15—大放矿的矿房

3.2.1.3　阶段矿房法形成的采空区

　　阶段矿房法是用深孔落矿的采矿方法，把矿块分成矿房和矿柱两个部分进行回采作业，先采矿房，后采矿柱，最后有计划地进行采空区的有效治理工作。通常采用中深孔的方法进行开采，根据矿体的厚度，矿房的长轴可沿走向布置或垂直走向布置。一般当矿体厚度小于15m时，矿房沿走向布置；当矿石和围岩极稳固时，可以增加至20~30m。一般如果矿体厚度大于20~30m时，矿块应垂直走向布置。阶段高度一般为50~70m，阶段高度受围岩的稳固性、矿体产状稳定程度以及高天井掘进技术的限制，如图3-3所示。分步凿岩阶段矿房法的阶段高度一般为50~70m，由于这种方法的采空区是逐步暴露出来的，因此阶段高度可较大一些。

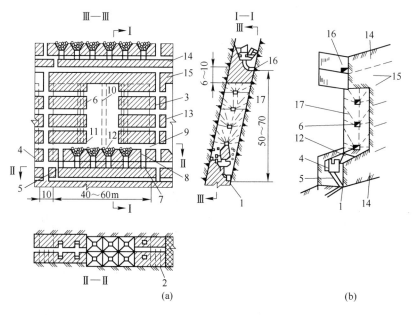

图 3-3　分段凿岩阶段矿房法典型示意图

(a) 投影图；(b) 立体图（矿房部分）

1—阶段平巷；2—横巷；3—通风人行天井；4—电耙巷道；5—矿石溜井；6—分段凿岩巷道；
7—漏斗穿；8—漏斗颈；9—拉底平巷；10—切割天井；11—拉底空间；12—漏斗；13—间柱；
14—底柱；15—顶柱；16—上阶段平巷；17—上向扇形中深孔

　　该方法要求围岩稳固性程度高，保证不发生大面积片落、冒顶等事故，同时要求矿体倾角不得小于矿石的自然安息角，一般应保证在50°以上。因此形成的采空区往往体积十分巨大，但围岩稳固性较好，倾角较大，因而稳定性相对较好，但不宜长期放置，应及时采取有效措施处理。

3.2.2 充填法形成的采空区

随着采矿工作面的不断推进，逐步采用充填材料充填采空区的方法称为充填采矿法，将矿块分成矿房和矿柱两个部分进行回采作业，先采矿房，后采矿柱。矿柱回采可采用充填法，也可采用其他方法。充填采矿法可分为垂直分条充填采矿法、削壁充填采矿法、分层充填采矿法、进路充填采矿法、分段空场嗣后充填采矿法、阶段空场嗣后充填采矿法和浅孔留矿嗣后充填采矿法 7 种。按照充填材料又可分为干式充填材料、水砂充填材料及胶结充填材料 3 种。

随着充填采矿技术的发展，目前常用的充填采矿技术主要有分层充填和嗣后充填两种方案，分层充填采矿法适用范围更为广泛，但由于其生产效率较低，生产成本较高，主要用于矿岩破碎、稳固性差的情况；嗣后充填主要用于矿岩条件较好的情况。

由此可知，采用充填法进行开采，由于开采过程中已采用充填料对采空区进行了有效的处理，因此充填法形成的采空区往往体积较小且存在时间较短。总的来说，充填法形成的采空区由于得到了及时的处理，稳定性相对较好。而对于空场嗣后充填的采空区，在进行充填处理之前，其采空区特征与空场法大致相同。

3.2.3 崩落法形成的采空区

崩落采矿法是以崩落围岩实现矿压管理的采矿方法，即在崩落矿石的同时强制或自然崩落围岩，充填采空区。崩落采矿法具有以下特点：

（1）崩落采矿法不再把矿块分成矿房和矿柱，而是以整个矿块作为一个回采单元，按一定的回采顺序，连续进行单步骤回采。

（2）在回采过程中，围岩要自然或强制崩落。

（3）崩落法开采是在一个阶段内从上而下进行的，与空场采矿法有所不同。

采用崩落法开采时，由于顶板滞后冒落，采空区顶板面积达到一定规模后，会发生大规模突然冒落，形成的采空区的体积大小和形态都不可控制和预测，因此崩落法形成的采空区较为隐蔽，定位探测较为复杂，且采空区围岩裂隙发育，稳定性较差，极易引起地表的塌陷。如图 3-4 所示为典型崩落法三维示意图，如图 3-5 及图 3-6 所示为有底柱、无底柱分段崩落法。

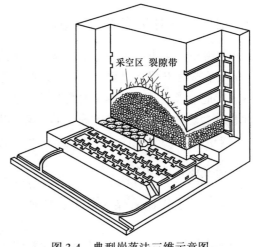

图 3-4 典型崩落法三维示意图

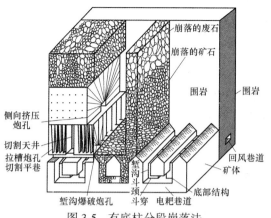

图 3-5　有底柱分段崩落法

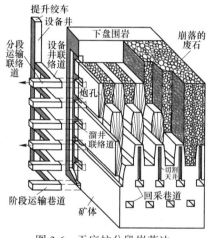

图 3-6　无底柱分段崩落法

3.3　煤矿井下开采形成的采空区

　　煤炭井下开采方法可分为壁式体系及柱式体系两大类，两者形成的采空区有所不同。在煤矿开采的过程中，一般进行顶板管理和强制放顶，通过自然或强制崩落进行地下采空区的充填，因此煤矿井下开采遗留的采空区一般较小，主要为各种巷道、充填未接顶采空区等。了解煤矿井下开采方法，对煤矿的地采转露天复采的采空区隐患分析评估、采空区防治大有裨益。

3.3.1　壁式体系采煤法

　　一般以长工作面采煤为其主要特征，产量约占我国国有重点煤矿的 95% 以上。

　　根据煤层厚度及倾角的不同，开采技术和采煤方法也有较大的区别。对于薄及中厚煤层，一般是按煤层全厚一次采出，即整层开采；对于厚煤层可将其划分为若干中等厚度（2~3m）的分层进行开采，即分层开采，也可采用放顶煤整层开采。无论整层开采或分层开采，依据煤层倾角、按采煤工作面推进方向不同，又可分为走向长壁开采和倾斜长壁开采两种类型，如图3-7所示。

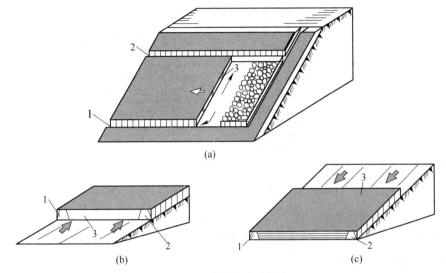

图 3-7　壁式体系采煤法
（a）走向长壁；（b）倾斜长壁（仰斜）；（c）倾斜长壁（俯斜）
1—运输巷；2—回风巷；3—采煤工作面

　　壁式体系采煤法的特点是：采煤工作面长度较长，通常在80~250m左右；在采煤工作面两端至少各有一条回采巷道，用于通风和运输；采落的煤沿平行于采煤工作面煤壁的方向运出采场；随着采煤工作面的推进，要及时有计划地处理采空区，采用强制垮落或充填处理等方法；此外，壁式体系采煤法工作面的通风状况良好。在我国、俄罗斯、波兰、德国、英国、法国和日本等国广泛采用。

3.3.2 柱式体系采煤法

　　柱式体系采煤法以短工作面采煤为其主要特征，具有代表性的柱式采煤法有房式采煤法、房柱式采煤法和巷柱式采煤法等几种。

　　房式及房柱式采煤法的实质，是在煤层内开掘一系列宽为5~7m左右的煤房，开煤房时用短工作面向前推进，煤房间用联络巷相通以构成生产系统，并形成近似矩形的煤柱，煤柱宽度由数米至二十余米不等。煤柱可根据具体条件留下不采，或在煤房采完之后再将煤柱按要求尽可能采出，前者称为房式采煤法，后者称为房柱式采煤法。

　　巷柱式采煤法是首先沿煤层的走向和倾斜方向开掘大量巷道，将煤层划分边长为 6~30m 的正方形或长方形煤柱，然后有计划地回收这些煤柱。回采煤柱时残留一角煤柱或留若干个小煤柱，用以支撑顶板，采空区内的顶板任其自行垮落。如图 3-8 所示为柱式体系采煤法的示意图。

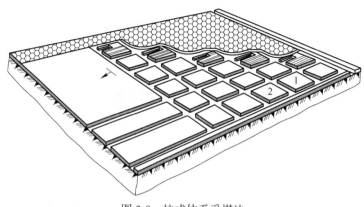

图 3-8　柱式体系采煤法

柱式体系采煤法的特点是：采煤工作面长度较短，通常在 10~30m 左右，但工作面数目多；需要开掘大量的巷道，掘进率高；采落的煤垂直于采煤工作面煤壁的方向运出采场；回采生产过程中一般没有采空区处理的工序，遗留的空区长期存在。

3.4　采空区的分类与主要危害

3.4.1　采空区的常规分类方法

3.4.1.1　根据采空区存在时间划分

不同的采矿方法，采空区存在的时间长短不一，对地质环境安全、采矿施工安全等方面的影响也不同。按照采空区存在的时间长短，可将采空区分为以下两种：

（1）即时处理采空区。在回采过程中，就对形成的采空区采取技术措施进行控制，如充填、崩落或者封堵等，因此该类型采空区只是矿石开采过程中的一个环节，充填法、部分崩落法及部分空场法采空区属于此类型。

（2）长期放置采空区。在开采过程中，由于工艺等原因，部分采空区不能得到及时处理，而是将采空区入口进行简单封堵，并未进行进一步处理。该类型采空区常见于采用空场法回采的矿山，采空区的体积差别较大。此类采空区由于长期放置，围岩状态发生了较大的变化，处于爆破振动剧烈影响的区域的采空区稳定性往往较差，具有一定的安全隐患。

3.4.1.2 根据采空区空间形态划分

由于矿体形态的千差万别，造就了采空区形态的千变万化，不同类型采空区形成过程中，对围岩的扰动规律并不相同。根据采空区结构因素，采空区形态主要分为两种：

（1）立方形采空区。该类型采空区长度 L 和宽度 B 相差较小，即 L 不大于 $2B$，高度一般为 15~70m，采空区的形成过程中，主要表现为高度的上升。

（2）狭长形采空区。该类型采空区长度 L 和宽度 B 相差较大，即 L 大于 $3B$，高度一般为 10~15m，采空区的形成过程中，主要表现为长度的扩展。

3.4.1.3 根据采空区关联程度划分

对采空区的研究分析，需要根据采空区之间的关联性程度大小进行区分，可将采空区分为以下两种：

（1）独立采空区。这些采空区在空间上相距较远（一般大于开采造成的应力影响范围）。由于开采对围岩造成的扰动只有一次，因此稳固性一般较好，但应注意采空区的体积及顶板暴露时间。

（2）采空区群。这类采空区空间距离较近，有的相互贯通，有的仅有矿柱间隔。由于在形成过程中，围岩受到反复扰动，稳固性较差，应力复杂，需要尤为注意。

3.4.2 地采转露采矿山采空区的分类

地下开采形成的采空区，受矿体属性、矿体形态、采矿方法等因素的影响，其表现形态、稳定性等方面存在较大的差异性，可对其进行有效的分类，以便于采取相应且行之有效的处理措施。地采转露天复采矿山的地下采空区分类，建议结合采矿生产与管理的要求，按照采空区对不同生产阶段的安全生产的影响程度进行分类和分级管理，可分为重点关注采空区、常规采空区和其他采空区。

（1）重点关注采空区。一般指大采空区或者采空区群，坚持"有疑必探、先探后进"，并针对每个施工区域编制采空区作业指导书，施工时限制人员设备投入量，对该区域进行全程监管、监控，并收集施工过程信息，不断完善采空区作业指导书，总结和验收采空区处理结果。对于重点关注采空区，安全隐患未及时排除不得进行露天复采作业。

（2）常规采空区。一般指相对独立的中小型采空区以及垮塌空区没有全部充满的采空区等，一般位于主矿脉的边缘，坚持"有疑必探、先探后进"，并针对每个施工区域进行安全技术交底，防范风险，施工过程中进行安全监管、巡查，发现问题及时处理。对于常规采空区，一般可兼顾施工安全和施工效率，组织采空区治理与露天复采施工协同作业。

（3）其他采空区。一般指可能存在小型的采空区或者井巷，如盲矿体开采留下的采空区等，要针对该区域进行安全技术交底，合理防范风险，施工过程中进行安全巡查，发现问题及时处理，一般对露天复采施工组织和管理的负面影响较小。

另外，还要按照地采转露天复采矿山的不同生产阶段的工作属性和工作需要，进行采空区的分类，将地采转露天复采之前急需治理的、影响矿区宏观地质安全的采空区归类为"大型隐患空区"，将留待露天复采施工过程中治理的、仅仅局部影响采场施工安全的采空区归类为"采场遗留区域空区"。

3.4.3　采空区的主要危害

地下矿床开采形成的空区，破坏了岩体的静态平衡，使空区周围的岩体应力产生变化，并为建立平衡而重新分布，当达到临界变形以后，就会发生围岩破坏和移动。由于矿床地质条件复杂，各矿山开采形成的空区技术状况特征各有不同。随矿床开采范围不断扩展，变形进一步发展，导致岩体发生崩落；有的采动影响引起的岩移不发展到地表，而仅对井下产生影响，有的发展到地表并产生开裂、下沉、塌陷；地形条件复杂的地表可发生山崩、滑坡、滚石、泥石流；发展到地表的岩移，严重的能切割地面，破坏地表或山头的植被，引起水土流失。大规模的岩移可产生如下影响：顶板围岩的突然崩落，可形成速度达数千米每秒、压力达数十千克每平方厘米的压缩气流，它的冲量很大，可以破坏井下建筑物、设备和伤害人员；岩体移动范围扩大，一定条件下可使矿产资源损失在岩移区而无法回收；受地表地形限制，或矿床开发中未正确确定地表岩层移动范围，某些建筑设施布置在采空区上部及产生山崩、滑坡、滚石等影响范围内，将威胁建筑设施及人员安全。

金属矿采空区具有隐蔽性，自身失稳造成的直接灾害及次生灾害种类繁多，危害极大。对于金属矿山，采空区主要失稳形式为顶板冒落，若发生大面积顶板冒落事故，还会引起严重的次生灾害，如引发强烈空气冲击波，引起地面塌陷，造成设备陷落、建筑物倒塌及人员被埋。此外，采空区透水、有毒有害气体突出、串风、漏风和矿石自燃等也是采空区灾害的易发类型。金属矿采空区可能导致的灾害类型，如表 3-1 所示。

表 3-1　采空区灾害主要类型及原因

类别	危害形式	发生原因	影响范围
对地下 的影响	冒顶片帮	采空区围岩失稳	局部作业区域的人员、设备

类别	危害形式	发生原因	影响范围
对地下的影响	冲击气浪	采空区坍塌急剧压缩采空区内空气	全矿地下作业人员和设备、设施
	矿震	采空区坍塌岩石造成机械冲击和冲击气浪及岩爆的复合作用	全矿地下作业人员和设备、设施
	突泥突水	采空区内积泥、水突然涌出	全矿作业人员和设备、设施
	自燃	采空区内氧化反应热量得不到及时扩散	全矿地下作业人员和设备、设施
	串风	部分新鲜风流进入采空区	地下局部作业地点工作人员
	岩爆	采空区存在加剧了应力集中	地下局部作业地点工作人员和设备、设施
对地上的影响	地面坍塌	采空区坍塌或顶板变形发展到地表	采空区上方人员与设备
	滑坡	采空区坍塌或顶板变形发展到地表	采空区上方山体

下面对主要的灾害进行介绍，其主要可以分为冒顶片帮、冲击气浪、矿震、地面塌陷及山体滑坡五个方面。

3.4.3.1 冒顶片帮

冒顶片帮是地下采空区顶板和边帮岩石冒落、崩塌，它是采空区导致的最直接的危害。金属矿山岩石硬度较高，因此冒顶片帮常常无明显前兆特征，具有突发性，发生频率高，难以防范，是矿山生产安全的主要危害。

根据相关统计，冒顶片帮是矿山主要的伤亡事故，2001—2007 年共发生 2232 起，死亡 2917 人，分别占事故总起数、死亡总人数的 17.0%、16.6%。近几十年来，我国湖南、江西、辽宁、吉林、河北、云南、广东、广西、山东等省的数十个矿山先后相继发生大面积采空区塌陷灾害，造成严重的人员伤害和重大经济损失，以下为典型冒顶片帮事故案例。

（1）湖南某锡矿山，1965 年发生两次、1971 年发生一次大面积地压活动，采空区体积达 230 万立方米，井下冒落了约 17 万立方米，地表移动约 80 万立方米，新老采场一共冒落了 295 个，损失的矿量高达数十万吨，破坏巷道 4000 多米。

（2）江西盘古山钨矿于 1966 年 6 月、1967 年 9 月发生了两次大面积的地压灾害，在 3~4 小时之内，上万米巷道下沉，386 个空区迅速倒塌，地面塌陷，海拔高 1100m 的山脊拦腰折断，裂缝宽达 0.8m，地面塌陷的面积达 10 万平方米，形成一个从山顶开始到坑下 690m 中段为止的垂高达 424m，南北宽 225m，东西走向长 500 米的大塌陷漏斗。

（3）广西高峰矿 100 号矿体因民采乱采滥挖形成大量采空区，致使保安矿柱破坏严重，1993 年 3 月 19 日发生了体积 84800 立方米的大塌陷，由此形成的地表塌陷坑从地表至井下标高 400m 水平采空区连通一体，形成塌陷漏斗，1997 年被国家列为全国第 3 号特大事故隐患区。

（4）2004 年 5 月 20 日峰城石膏矿区发生一次矿区顶板大面积塌陷事故，据山东地震局测定，峰城矿区塌陷释放的能量相当于一次 3.6 级地震，是迄今为止监测到的山东境内强度最高的矿山塌陷事故，塌陷造成巨大的冲击波掀掉了井架的顶盖，强大的气流呼啸着卷起大大小小的石膏块，撞击着井架，在很短的时间内使得井口周围已形成一座矿石山，矿区塌陷面积 14.47 万平方米、总重量超过 230 万吨，冒落的体积约为 100 万立方米。

（5）2005 年 11 月 6 日河北省邢台县尚汪庄石膏矿区的康立石膏矿、林旺石膏矿、太行石膏矿发生特别重大坍塌事故，坍塌区面积约 5.3 万平方米，塌陷区中心下沉约 8m，造成 33 人死亡，4 人失踪，40 人受伤，直接经济损失 774 万元。

（6）2006 年 8 月 19 日湖南省石门县蒙泉镇天德石膏矿和湖南石膏矿，因采空区大面积冒顶引发了重大坍塌事故，塌陷区面积约为 1.8 万平方米，塌陷区中心下沉约 15m，造成 9 人死亡。

目前，据不完全统计，在全国 20 多个省、区内，共发生大规模采空区灾害 200 多处以上，累计塌陷面积超过 70 万公顷，造成的损失已经超过 500 亿元。

3.4.3.2　冲击气浪

采空区大面积顶板瞬时一次性冒落时，改变了采空区的容积，使空腔内的空气瞬时被压缩而具有相当高的压缩空气能量。冒落采空区内被压缩的空气能冲出垮冒区快速向周围流动，这种快速流动到采掘巷道与各个角落的气流形成强大空气冲击波，对沿途巷道内的作业人员和设备产生极大危害。

2005 年 11 月 6 日，河北省邢台市尚汪庄石膏矿区因采空区顶板大面积冒落而引发了"11·6"特别重大坍塌事故，造成 33 人死亡（其中井下 16 人，地面 17 人），38 人受伤（其中井下 26 人，地面 12 人），井下 4 人失踪。

2006 年 8 月 19 日，湖南省石门县天德石膏矿老采空区大面积冒顶，造成天德、澧南两矿 9 人死亡，并造成地表大面积坍塌，房屋、牲畜受损。

3.4.3.3 大面积冒顶诱发矿震

矿震是开采矿山直接诱发的地震现象，震源浅，危害大，小震级的地震就能导致井下和地表的严重破坏。近年来，金属矿山矿震现象增多，强度增大。以下为近年来我国非煤矿山由于大面积冒顶诱发矿震灾害的典型案例。

（1）湖南省涟源市青山硫铁矿因地下采空区过大，1996 年 7 月 1 日发生了 ML2.6 级地震，地表少数房屋开裂破坏，井下采场大面积冒顶，四个采场大面积垮塌。

（2）山东省枣庄市峰城石膏矿区，2002 年 5 月 21 日 21 时发生大面积冒顶坍塌事件引发矿震，井下形成强大的冲击气浪，裹携着泥土和矿石，以千钧之势从井口喷出，整个过程持续了五分多钟，井旁很快堆成一座小山。能量相当于震级 ML3.6 级。

（3）2003 年 1 月 17 日 15 时，湘潭市花石镇泥弯石膏矿大面积冒顶诱发了 ML2.8 级地震，造成地面开裂、沉陷，居民房屋倒塌，矿山设施遭受严重破坏，损失巨大。

（4）河北省邢台县尚汪庄石膏矿区"11·6"特别重大坍塌事故诱发了 ML3.1 级地震。

（5）湖南省石门县天德石膏矿"8·19"重大坍塌事故诱发了 ML3.6 级地震。

3.4.3.4 突泥突水

采空区突泥突水是非煤矿山多发性工程地质灾害，因其具有突发性、隐蔽性等特点，一旦发生，往往会发生灾难性事故。山东莱芜铁矿谷家台二矿区 1999 年发生特大井下涌水，导致 29 人死亡和关闭工区的特大灾害；广西南丹县境内的大厂矿区下拉甲锡矿和龙山锡矿在 2001 年 7 月 17 凌晨 3 时因矿坑涌水，导致这两个矿山同时被淹，死亡 81 人，造成恶劣的社会影响、惨重的伤亡事故和巨大的经济损失。

3.4.3.5 地面塌陷及山体滑坡

由于受采空区影响造成地表塌陷及陡坡滚石的事故在国内金属非金属矿山中越来越多。宜昌磷矿区远安县盐池河磷矿，自 1969 年至 1980 年因采矿在地下形成约 6.4 万平方米的采空区，于 1980 年 6 月 3 日凌晨发生体积达 100m³ 的塌陷，仅 16 秒钟就摧毁了山体下的全部建筑物和坑口设施，导致 284 人死亡，整个矿务局毁于一旦，造成中国硬岩采矿史上的最大悲剧。

广东省大宝山矿业有限公司前期的铜硫矿井下生产采用空场法采矿，民采盗采矿石，乱采滥挖，形成大量的采空区。大宝山矿业有限公司下属的铜业分公司分别在2004年6月12日、2004年7月9日以及2004年11月27日发生了三次大的空区坍塌事件（Ⅷ号、Ⅶ号和Ⅴ号采空区），三次塌方量大约为23.4万立方米、181.78万立方米和28.2万立方米，所幸的是没有造成人员伤亡和大的设备损失。

20世纪80年代以来，我国金属非金属矿采空区引发的地质灾害如表3-2所示。

表 3-2　金属非金属矿采空区主要灾害列表

矿山名称	采空区面积 /$10^4 m^2$	采空区体积 /$10^4 m^3$	采矿方法	灾害发生时间	灾害描述
盐池河磷矿	6.4	51.2	房柱法	1980	采矿引起山崩，摧毁地表建筑物和设施，造成284人死亡
刘冲矿	12	60	浅孔房柱法、浅孔留矿法	1983	采空区约2万平方米的顶板冒落，引发岩体移动，地表塌陷
拉么锌矿	12	64	全面法、留矿法	1985	采空区突然垮落，造成地表陡坡地形30多万立方米岩土顺坡滑动，使全矿生产陷入瘫痪
朱崖铁矿	3.7	46.3	无底柱分段崩落法	1987	地表突然塌陷，坑长310m，宽8~12m，造成12人伤亡，周围房屋受损
团城铁矿	7.2	86.4	无底柱分段崩落法	1989	地表机修车辆突然陷落，形成直径30m，深11m的陷落坑，4人死亡
罗家金矿	4.6	27.4	房柱法、留矿法	1991	欧家界矿段突然发生坍落，塌陷坑东西长35m，南北宽20m，深20m，塌陷坑影响深度达170m
刘冲矿	17	80	房柱法、留矿法	1992	采空区顶板发生大面积冒落，并迅速波及地表，造成塌陷

矿山名称	采空区面积 /10^4m^2	采空区体积 /10^4m^3	采矿方法	灾害发生时间	灾害描述
高峰锡矿	5.8		空场法	1993	地表塌陷，导致 13 人死亡，损毁大量井下工程，形成直径 70m，坑深约 30m 的塌陷坑
花垣锰矿	29.6	59.2	房柱法	1994	先后发生两次大规模地压活动，造成生产中断及重大经济损失
邵东石膏矿	90.5	371	房柱法	1996、2001	地面塌陷面积 26000m² (39 亩)。诱发地面沉降 20 处，地面开裂 29 条。因沉降导致农田干涸荒芜面积达到 66000m² (99 亩)，民宅开裂
铜坑锡矿	5.4	196	空场法充填法	1998	地表塌陷，陷落坑面积为 5000m²，死亡 20 人以上
恒大石膏矿	1.2	9.6	类房柱法	2001	顶板大面积垮落，死亡 29 人。无正规设计，全矿只有一个安全出口，且通风不畅
里伍铜矿	26.7	153.5	房柱法	2000—2003	三年间共发生 5 次较大的地表垮塌，地表垮塌总面积已达 10600m²，一系列地压活动曾导致矿山停产，矿量损失
广东大宝山矿		三次大塌方量分别为 23.4 万立方米、181.78 万立方米和 28.2 万立方米	空场法	2004	庆幸没有造成人员伤亡和大的设备损失

综上所述，对地采转露天复采矿山来说，采空区引起的主要灾害形式为地面塌陷和山体滑坡。

3.5　本章小结

（1）矿山要进行地采转露天复采，要清醒地认识到地下遗留采空区造成不容乐观的安全现状，深入研究和了解采空区形成过程、采空区的分类和采空区的主要危害，才能"知己知彼，百战不殆"，排除采空区隐患，回收隐患资源，成功实现地采转露天复采。

（2）地下开采形成的采空区，受矿体属性、矿体形态、采矿方法等因素的影响，其表现形态、稳定性等方面存在较大的差异性。

（3）地采转露天复采矿山的采空区分类，建议结合采矿生产与管理的要求，按照采空区对不同阶段的安全生产的影响进行分类分级管理，分为重点关注采空区、常规采空区和其他采空区。

（4）按照地采转露天复采矿山的不同阶段的工作属性和工作需要，进行采空区的分类，将地采转露天复采之前急需治理的、影响矿区宏观地质安全的采空区归类为"大型隐患空区"，将留待露天复采施工过程中治理的、仅仅局部影响采场施工安全的采空区归类为"采场遗留区域空区"，简称"采场遗留空区"。

4　地采转露天复采的开采程序

4.1　地采转露天复采矿山的基本特性

4.1.1　矿产资源赋存特征

地下开采转露天复采矿山，经历过了地下开采阶段，矿产资源的自然赋存状态遭到了破坏，而且留下了大量的采空区，为矿山露天复采作业带来了诸多不利因素，包括矿山的技术经济条件和安全生产条件的恶化等。地下开采转露天复采矿山之所以要进行露天复采说明地下蕴藏的矿产资源仍有较大的经济价值，足以覆盖露天开采和采空区治理的各种成本。

地下开采转露天复采矿山，本质上仍然是露天开采矿山，其与常规露天矿山相比，其本质区别在于地下开采破坏了矿产资源的自然赋存状态，遗留下来的采空区对露天矿山生产系统形成安全威胁。因此地采转露天复采就是要通过对遗留采空区的治理来创造露天开采的条件，最终实现地下遗留矿产资源的回采利用。

地下开采转入露天复采的首要前提是矿产资源的经济性，即矿产资源经过地下开采以后，遗留的矿产资源仍然具有较大的经济价值，此是露天复采的原动力。地采转露天复采矿山的资源经济价值主要体现在以下几个方面：

（1）地下采矿遗留资源，即受地下采矿方法的制约，在计算的区域（或计算范围）内采出的工业储量小于报销的工业储量（即该区域的工业总储量），回采率达不到100%，甚至低于50%。

（2）边际品位的动态变化，原来的"非矿"变成"矿石"。边际品位（cut-off grade）又称"边界品位"，是划分矿与非矿（或围岩）界限的最低品位，即圈定矿体时单个矿样中有用组分的最低品位，如铜矿的边界品位为0.2%~0.3%。边界品位是圈定矿体的主要依据，是计算矿产储量的主要指标，其是一个动态的过程。

（3）随着选矿水平的提高，原遭遗弃的难选矿物具备开采价值。随着矿产资源开发利用，易处理矿、单一矿、硫化矿越来越少，经科技攻关，大量的复杂、多金属矿、共生、嵌布粒度细、低品位、吸附性等物理特性极其复杂矿种变得具备经济价值。

（4）外围找矿新成果，矿区外围找矿（prospecting on the periphery of a mine）

是在已知矿区外围进行的找矿工作。矿山开采后，保有的矿石储量将日渐减少，为延长矿山寿命或扩大矿山生产规模，常常在矿区外围进行找矿工作，以期发现新矿床或矿体，增加新储量。

　　总之，矿产资源的自然赋存状态虽然遭到了破坏，但是由于技术、经济条件的变化，矿区的潜在资源价值得到了充分挖掘，又具备了资源露天开采的条件。露天开采又称为露天采矿，是一个移走矿体上的覆盖物，从敞露地表的采矿场采出有用矿物的过程。露天开采作业主要包括穿孔、爆破、采装、运输和排土等流程。按作业的连续性，可分为间断式、连续式和半连续式。露天与地下开采相比，优点是资源利用充分、回采率高、贫化率低，适于用大型机械施工，建矿快，产量大，劳动生产率高，成本低，劳动条件好，生产安全。因此，不少资源埋藏较浅的地下开采矿山，因技术、经济、政策、安全等外部原因，不再适合继续地下开采，甚至逼迫关停原有地下开采系统，但是地下仍然遗留了大量矿产资源，进行露天复采上述资源仍具备经济性。

4.1.2　安全生产条件恶化

　　地采转露天复采矿山，抛除前面论述的露天开采的经济性问题，其安全生产条件的恶化主要体现在采空区的存在及其危害。地下采空区的存在严重恶化了安全生产条件，主要体现在采矿环境、采矿技术和施工安全三个方面，如图4-1所示。

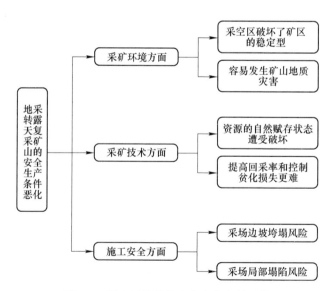

图 4-1　采空区导致的安全生产条件恶化

首先在采矿环境方面，由于地下采空区的存在改变了岩石应力分布状态，将可能引起上部岩层的垮落，继而产生地表岩层错位沉降，诱发露天采矿工程边坡大面积滑坡、采场大面积塌陷等极其恶劣的矿山地质灾害。采空区是地采转露天复采矿山的"魔鬼"，往往破坏了矿区环境的稳定性，需要进行采空区的治理，控制采空区的危害，确保矿山具备安全生产的条件。矿区稳定性是一个非常复杂的系统工程问题，它与各种地质因素及非地质因素有关，前者包括矿山的工程地质条件、水文地质条件、矿区地应力场及岩体的力学特性等；后者则主要与矿山的开采方法及施工技术等因素有关。工程实践证明，矿山的地质因素是影响或决定矿区稳定性的物质基础，从而决定矿山的地质模型及矿山岩体力学模型，而矿山的开采方法及施工技术的选择，主要任务在于使其适应矿山的地质条件，达到稳定及安全开采的目的。

其次在采矿技术方面，地下采空区的存在，破坏了矿产资源的天然赋存状态，矿体的整体性遭受破坏，且与采空区相依相伴，大大加大了矿产资源的安全高效开采的难度。因此，需要根据采空区和遗留矿产资源的空间分布和相互制约关系，采取科学合理的采矿方法和采矿工艺，才能提高回采率、降低贫化率、减少损失率，同时保障施工效率和施工安全。

再次在施工安全方面，露天复采过程中生产台阶下部采空区顶板（保安层）稳定是露天开采至关重要的安全保障。为了保证露天复采生产和采空区处理过程中的作业安全，对矿山露天采场及井下岩体的工程地质、水文地质条件及岩体力学特性进行详细的分析，运用岩体工程地质力学方法进行了工程地质岩组划分、岩体结构分类，并对不同的岩体结构类型的岩组进行了岩体质量评价，从而科学合理地计算保安层厚度，确保露天复采的过程中不发生大规模的矿山地质灾害，不发生危及施工人员、设备安全的采场塌陷事故。

综上所述，因为地下遗留采空区的存在，地采转露天复采矿山的安全生产条件的恶化，给矿产资源的价值挖掘、露天复采带来了新挑战，提出了新要求。

4.2 露天复采的基本前提和要求

4.2.1 露天复采的基本前提

地采转露天复采矿山的生产经营，其基本前提是充分认识到矿山开采过程是"天使"与"魔鬼"共存共舞的特性。正因为地采转露天复采矿山的"天使"与"魔鬼"共舞的特性，需要对矿山开采状况进行调查分析，既要充分认识"天使"，也要充分认识"魔鬼"。

"天使"，即矿产资源，遭到了人为地下开采的破坏，导致"天使"受伤、并不完美，但"天使"的魅力需要人为的二次挖掘，即借助市场条件改善和技术条件进步，让遭破坏的矿资源，又具备了露天开采的价值。但是，地采转露天复采矿山的开采,不能只顾矿产资源的经济价值,而不顾"魔鬼"——遗留采空区的危害,否则得不偿失,使地采转露天复采失去了意义。

考虑到上述地采转露天复采矿山的资源赋存特点,为了保障露天复采过程的经济性和安全性,需要重点关注关键前提:

(1)矿产资源经过地下开采后,遗留矿产资源仍有经济价值,主要借助市场条件的改善和技术条件的进步,充分挖掘矿区及外围的潜在资源价值。

(2)地下开采往往对高价值资源进行了开采,遗留了大量采空区,导致矿产资源不连续,对露天复采过程的贫化损失控制要求更高。

(3)地下开采遗留了大量采空区,改变了原有矿床的水文地质、工程地质条件,严重威胁了露天复采的安全生产条件。

综上所述,地采转露天复采矿山,资源遭到破坏、失去了部分经济价值,但是借助市场条件的改善和技术条件的进步,充分挖掘矿区及外围的潜在资源价值,其又具备了资源露天开采的价值;但是,其与常规露天矿山相比,矿床遭到破坏,遗留了大量采空区,采矿过程中需要认识到"天使"与"魔鬼"共存的特性,要严格控制贫化损失,要防范采空区引起的危害,才能实现露天复采回收矿产资源的最终目标。

4.2.2　露天复采的基本要求

地采转露天复采矿山,具有先天性的不足——采空区的安全威胁和对矿产资源整体性的破坏,遗留矿产资源开采时,需要兼顾安全、经济、效率三要素,分别采取针对性的施工方法和技术措施,通过协同作战的手段克服种种困难,实现露天复采回收矿产资源的最终目标,如图4-2所示。

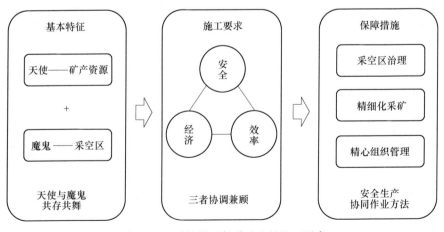

图 4-2　地采转露天复采矿山的施工要求

对于地采转露天复采矿山，因采空区治理的经济合理性、技术可行性和施工安全性的制约，往往难以治理全部采空区后再进行露天复采。因此，要根据采空区的危害不同，将其合理分类并采取针对性的技术措施，将采空区这个"魔鬼"关进笼子里面。第一类采空区是对矿区及其周边有较大规模危害的采空区，可能威胁矿区的整体稳定和开采条件，必须预先治理，方可转入露天复采；第二类采空区是对采场局部有影响的采空区，可以在露天剥离和采矿施工的演变过程中再适时治理，确保采空区治理具备经济合理性和技术可行性。

因此，关于地下遗留采空区的治理，首先需要对大型隐患空区进行集中处理，尤其是大空区和空区群，实现宏观露天采矿环境再造，确保矿山宏观安全稳定，即人员和设备进入采场后不发生较大的矿山地质灾害；宏观露天采矿环境再造以后，方可组织边露天复采作业，边治理遗留区域采空区边露天采矿施工，保证露天采场作业人员和设备的安全，最终实现采场空区治理与露天采矿施工的协同作业。同时，考虑到地采转露天复采的时间还比较短，对采空区的研究还不系统不充分，有必要对采空区可能诱发的矿山地质灾害进行监测和预警。

综上所述，地采转露天复采矿山的基本要求，就是根据采区的形成、特性、危害和影响不同，采取针对性的措施分步将采空区这个"魔鬼"关进笼子里面，如图4-3所示，保障安全高效开采有价值的矿产资源。

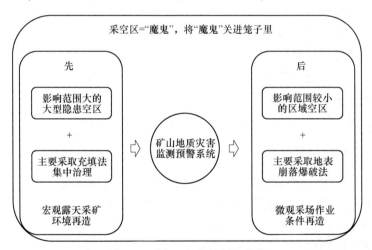

图4-3 采空区危害控制的措施

4.3 宏观露天采矿环境再造

4.3.1 隐患空区集中治理的必要性

地采转露天复采前的隐患空区集中治理，目的是实现宏观露天采矿环境再造，达到地采转露天复采施工安全可控化这一目标，即先进行大型隐患空区集中治理，再进行地采转露天复采矿山的复产复采。

地采转露天复采的前提条件是宏观露天采矿环境再造，即对大型隐患空区进行集中治理；如果对地下开采遗留的隐患空区不加以治理就盲目转入露天开采，将对现场露天安全生产造成极大威胁。例如大宝山矿 2004 年发生的三次大塌方、2008 年 733m 水平开采过程中发生的局部塌陷事故都严重影响了矿山安全生产。

4.3.2 采空区的主要处理方法

采空区处理的实质是转移应力集中部位，缓解岩体应力集中程度，或使围岩中的应变能得到释放，使应力达到新的相对平衡，以达到控制和管理地压的目的，保证矿山安全生产。国内外矿山空区处理方法大致有崩落围岩处理空区、用充填料充填空区、封闭隔离处理空区和人工构件支撑空区四种方法以及上述四种方法的组合应用。

4.3.2.1 崩落围岩处理空区

崩落围岩处理空区的特点是用崩落围岩充填空区并形成缓冲保护垫层，以防止空区内大量岩石突然冒落所造成的危害。崩落围岩处理空区的适用条件是井巷设施等已不再使用并已撤除，地表允许崩落，地表崩落后对矿区及农业生产无害，围岩稳定性较差，特别适用于大体积连续空区的处理和低品位、价值不高的矿体空区的处理。

采用崩落围岩处理空区，能及时消除空场，防止应力过分集中和大规模的地压活动，并且可以简化处理工艺，提高劳动生产率，该法已为国内矿山广泛采用。崩落围岩处理空区的方法可分为自然崩落围岩和强制崩落围岩两种。

4.3.2.2 用充填料充填空区

用充填料充填处理空区是从坑内外通过车辆运输或管道输送方式将废石或湿式充填材料送入采空区，把采空区充填密实以消除空区的一种方法。用充填料充填空区的作用，在于充填体支撑空区，控制地压活动；减少矿体上部地表下沉量；防止矿岩内因火灾；降低损失贫化。

用充填法处理采空区，一方面要求对采空区或采空区群的位置、大小以及与相邻采空区的所有通道了解清楚，以便对采空区进行封闭，加设隔离墙，进行充填脱水或防止充填料流失；另一方面，采空区中必须能有钻孔、巷道或天井相通，以便充填料能直接进入采空区，达到密实、充填采空区的目的。

充填法处理空区，一般用于围岩稳固性较差，上部矿体或矿体上部的地表需要保护，矿岩会发生内因火灾以及稀有、贵重金属、高品位的矿体开采。充填处理空区可分干式充填和湿式充填两种。

4.3.2.3 封闭和隔离处理采空区

封闭和隔离处理采空区是一种经济、简便的方法，一般用于一些孤立的旧小矿体开采后形成的空区，围岩稳固，空区冒落也不会影响周围矿体的开采，以及一些大矿体开采后形成连续的采空区，空区下部仍需继续回采者。使用该法处理采空区的有色矿山有大冶有色公司新冶铜矿、易门铜矿狮子山分矿等。

在封堵采空区时，要在采空区附近通往生产区的巷道中，构筑一定厚度的隔墙，使采空区中围岩崩落所产生的冲击气浪不致造成危害。因此，构造充分的缓冲层厚度或通往采空区的通道封堵长度是采用封闭法处理采空区的关键。

4.3.2.4 人工构件支撑空区

支撑法是指构筑人工矿柱支撑顶板的采空区处理方法。该方法一般适用于空场类方法开采缓倾斜薄至中厚且顶板相当稳定的矿体形成的采空区的治理；但是仅用人工矿柱支撑空区顶板，只能暂时缓解开采期间的地压显现，特别是露天开采的爆破地震、应力重分布、局部岩移的不利影响，将会导致支撑构件逐渐破坏失去作用。

综上所述，宏观露天采矿环境再造——大型隐患空区集中治理，需要综合考虑采空区的特性、不同治理方法的适用范围、采空区治理施工工艺要求以及对后续露天复采的影响，具体问题具体分析，优选经济、安全的采空区治理方案，包括单一采空区治理方法和多方法的联合治理。

4.3.3 地采转露天复采安全性评价

地采转露天复采矿山，在转入露天复采前，进行了宏观露天采矿环境再造，即大型隐患空区的集中治理，人为改造、创造出有利于露天开采的矿山环境和基本条件。但是，考虑到矿山地采转露天复采的实践经验还不足，对采空区特性及其危害的了解还可能不充分，因此有必要对"宏观露天采矿环境再造"的效果进行全面的检查、复核，对宏观露天采矿环境和遗留区域采空区的危害进行安全评估，制定有针对性的、保障露天复采施工安全的生产工艺和安全措施。

对于采空区问题比较严重的地采转露天复采矿山，特别是盲空区比较多的地采转露天复采矿山，建议借助物探手段对露天复采条件再造效果进行安全性评估与分析，此对后续露天复采作业时的遗留采空区的超前探测工作亦大有裨益。

综上所述，矿山地下开采转入露天复采，要确保无论从安全生产还是开采技术等方面，都已经具备了大规模露天复采的条件。

4.4　空区诱发宏观地质灾害监测

　　尽管地采转露天复采之前，已经进行了宏观露天采矿条件再造——对大型隐患空区集中治理，但是充填处理接顶不严的空区、留待露天复采过程中再治理的区域空区及一些未探明的空区仍然存在，仍有诱发较大规模边坡滑塌、采场塌陷的可能性。这些空区虽然不会像以前一样容易诱发重大的坍塌事故，但是也会对生产过程的人员和设备造成威胁，因此在进行露天采矿施工生产过程中，必须对可能发生的矿山地质灾害进行安全分析，建立监控和预警系统，确保露天采场作业安全。

　　同时，要清醒地认识到，随着露天开采的进行，遗留采空区的不利影响是动态演变的。先地下开采后露天复采是指在露天没有开采之前或开采量较少（即边坡角度小）条件下，已进行了地下开采，那么在岩体重新达到稳定之后，采动影响区域内原岩应力状态产生了变化，并形成了不同的应力集中区域。如果此时在平衡体的一侧再进行露天开采，边坡岩体及空区顶板就可能会产生位移变形，诱发较大规模的地质灾害，包括矿山边坡失稳和采场大规模塌陷，还有可能严重破坏矿山的重要设备设施。

4.4.1　边坡稳定分析与监控

　　当地下采区开采后，在其采动影响域内不同空间位置上各单元体的应力状态发生了变化，形成不同的应力区域并重新达到稳定，有时仅仅是暂时稳定，有可能随着时间的推移发生较大岩移而失去稳定。如果此时在平衡体或暂时平衡体的一侧再进行露天开采，那么，边坡岩体就有可能会产生位移形变，进而发生边坡大范围滑移，给露天开采的安全生产带来威胁。边坡安全分析的目的就是采用边坡受力分析工具进行建模，定量分析边坡的稳定性，从而采取针对性的措施防止事故发生。

　　关于边坡稳定性分析，模型建立及网格划分采用常用的 ANSYS 软件，然后通过 ANSYS-FLAC3D 接口程序导入 FLAC3D 进行计算分析。采空区对边坡的稳定性影响主要从下述几方面进行建模分析：

　　（1）采空区走向对边坡的稳定性影响。为了客观反映采空区走向对边坡稳定性影响，模型选取两种具有代表性的走向角度，进行边坡位移和应力分析。

　　（2）采空区埋深对边坡稳定性影响。采空区走向与边坡平行情况下对边坡稳定性影响较大。因此，本部分的数值模拟考虑采空区走向与边坡平行情况，将边坡的稳定性问题简化为平面问题讨论采空区埋深对边坡稳定性影响。

　　（3）采空区与边坡间距离对边坡稳定性影响。建立采空区与边坡坡角水平距离分别为 20m、40m、60m、80m、100m、120m 的模型，分析不同距离条件下采空区对边坡的位移和应力影响。

采用上述分析方法计算出边坡应力场，如果远远小于边坡稳定的临界值，则该区域边坡比较稳定，可不进行实时监测；相反，如果接近或者大于边坡稳定临界值，那么该区域就必须作为重点进行边坡稳定监测，实时了解边坡的安全状态，必要时进行边坡加固治理。

尽管地采转露天复采前进行了大型隐患空区的集中治理，但考虑到遗留空区资料的不全、矿山水文地质情况的复杂性、采空区研究分析还不全面不系统以及后续露天采矿爆破施工产生爆破振动的不利影响，除了进行边坡稳定性分析，还要建立边坡稳定监控和预警系统，避免地采转露天复采过程中发生较大规模的矿山边坡滑塌事故。

4.4.2 采场塌陷预防与预警

地采转露天复采施工过程中，采场地下遗留的采空区除了可能引起较大规模的矿山边坡滑塌，还可能引起较大规模的采场塌陷。为保证采场安全生产，还需建立采场塌陷预防与预警系统，即采取有效地压监测措施，以防止由于大面积采空区冒落而发生重大安全生产事故。

岩体在受力变形过程中以弹性波形式释放应变能的现象称为声发射，使用仪器检测分析声发射信号和利用声发射信号推断声发射源的技术称为声发射技术。声发射作为一种探测表征岩体内部状态变化的工具，近几年已越来越多的为人们所重视。

声发射是岩体受力变形过程中发生的一种声学现象，表征声发射的参量不同于位移、压力等地压参量。因此，声发射参量的获得与常规地压参量的获得有所不同。声发射的监测方法一般分为两类：一类是流动的间断性监测方法，采用便携式声发射监测仪对某些测点不定期实施监测；另一类为连续监测，采用多通道声发射监测系统对某一区域实施连续监测。在预测预报方面，由于声发射参量携带大量有关岩体特性的信息，且在岩体破坏之前就产生变化，以声发射参数为预报指标能够对岩体破裂与冒落提前预报，可保证现场有足够时间采取安全措施，并可利用到达各探头的时差和波速关系确定声源位置，从而评价、预测岩体的破坏位置，及时掌握地压发展的动态规律，便于矿山制定安全生产计划。

地压监测，现场可采取一般监测和定位监测两种监测方法。通过长期的监测与试验，得出了用事件率来划分大宝山矿井下顶板安全等级的经验数值。定位监测旨在确定监测区内所有岩体声发射发生的位置，如长沙矿山院研发的 DYF-2 型智能声波监测多用仪和 STL-12 多通道声发射监测定位系统，前者对某些测点不定期实施监测，后者对某一区域实施连续监测。

4.4.3　重点隐患区域的监测

关于地采转露天复采矿山的现场遗留空区诱发宏观地质灾害的监测与分析，除了边坡稳定分析与监控、采场塌陷预防与预警外，还需要对重点隐患区域进行监测，其目的主要体现在以下两个方面：

（1）对于重点隐患区域，要采取更加精准的监测手段和预警系统，保证监测效果。

（2）矿山的重要设备设施可能因为矿山的宏观或者局部地质灾害遭受严重破坏，需要对其进行保护性监测和预警。

矿山工程进行地采转露天复采作业，除了上述边坡稳定监测、采场塌陷监控和重点隐患区域监测外，还要加强日常的边坡、采场巡视工作，做到多方面、多角度确保施工安全。

综上所述，通过对采场遗留空区可能诱发的宏观地质灾害进行监测分析，可以有效弥补地采转露天复采实践经验较少和对采空区的认识还不充分等弊端，也为后续大规模露天复采的安全施工提供保障。

4.5　微观采场作业条件再造

地采转露天复采矿山需要治理的采空区，大部分在露天开采设计范围内，如采用充填法进行处理，技术上可行，但存在二次装运的问题，经济上不合理。对于一些未探明的采空区，不能确定其方位坐标，无法制订和实施充填治理方案。因此，地采转露天复采施工中对遗留采空区的处理，一般在露天采矿施工的过程中进行崩落爆破处理，即首先联合采用物探、钻探和三维激光扫描的方式对采空区进行超前探测，再进行空区安全稳定分析和崩落爆破的设计与施工，最后进行采空区崩落爆破效果验收与评价。

4.5.1　采空区的物探分析

国内外学者利用地球物理勘探技术查明地下采空区方面作了大量的工作，采空区的探测成了工程地球物理的热点。根据其所研究地球物理场的不同，各种采空区物探方法通常可分为重力法、电磁法、地震法和发射性勘探等四大类。

特别是多金属矿山，地质条件十分复杂，各种物探方法均有其弊端，建议采用物探为辅、钻探为主的方法，前者进行宏观的定性分析，把握全局；后者进行局部的定量分析，指导每一个作业点的安全施工。以广东省大宝山矿为例，委托核工业 290 研究所采用综合物探方法对大宝山矿地下（深度 80 米以内）采空区进行探测，绘制了物探解释推断断面图和切面投影平面图。但是，物探解释的空区异常范围及深度与实际比较会存在一定误差；物探只能识别某深度范围，具有一定规模的目标体，如较小的空区和坑道物探异常很难识别。尽管物探存在一定的误差，但实践证明，无论是井采资料比较全的北部铜露天采场，还是民采猖獗并无任何资料的南部铁露天采场，均有较大的指导意义，使后续钻探工作有的放矢、事半功倍。

4.5.2 采空区的钻探分析

钻探主要是通过钻孔的方式来判别、探明工程地质情况，如采空区的分布、埋深等。一般情况下，根据取样分析（如地质钻采集的岩心、潜孔钻采集的钻屑等）和钻孔过程情况，并集合已经收集的井下开采资料、矿产赋存情况可推断采空区的大致情况。以广东省大宝山矿为例，地质图上或新钻探到赋存铅锌矿、高品位铜矿的位置，则很可能存在采空区，因为无论无序的民采还是正规的矿山地下开采，均是开采价值较高的矿体。主矿体的民鼷开采部分虽然没有详细资料，导致存在不少盲空区，但盲空区存在的位置亦有规律可循，可根据主矿体走向进行重点探测；当然也有盲矿体被盗采留下的盲空区，需要特别注意。如在空区钻探过程中发现穿孔，可按照钻孔深度判别空区顶板厚度和空区高度，并向四周扩散钻孔探明空区大小。如果在塌陷区钻探，岩石完整则说明可能存在地表大面积塌陷时整体移位的局部小采空区；如果岩石破碎松软，则说明由于地表塌陷已经基本将原采空区填充。

4.5.3 采空区三维探测扫描

钻探到的采空区，通过三维激光扫描仪进行空区扫描，确定空区的位置、大小、形状等，为空区处理提供技术资料。

空区三维激光扫描采用空区自动激光扫描系统（C-ALS, Cavity Auto-scanning Laser System）进行。C-ALS 是英国公司生产的一套用于地下空区激光三维探测的先进设备。空区自动激光扫描系统是一个非常实用且坚固耐用的 3D 激光扫描系统，产品直径仅为 50mm，可通过地面钻孔延伸至地下空间和洞穴中进行勘测，可测量空间的三维形状和表面反射率。空区自动激光扫描系统适应各种类型空区的探测，包括采石场、废弃矿区、放矿溜井、矿柱回收区域、充填区域、筒仓或矿仓、隧道等。借助空区自动激光扫描系统可以描绘出采空区的三维形状，以便针对具体采空区进行崩落爆破处理的方案设计，及时排除隐患。

4.5.4 采空区崩落爆破处理

借助空区自动激光扫描系统获得采空区的形状和位置，再根据采空区分布状况、空区的安全稳定性、现场工程地质条件等，对采空区崩落爆破处理方案进行设计并组织施工。

　　采空区的崩落处理方法，要充分考虑采场地形地貌和施工安全，合理选择常规崩落法、侧翼揭露崩落法和台阶分段或并段崩落法等治理手段和方法。采空区崩落爆破施工过程中，要考虑施工载荷的影响，确保施工过程的安全，并做好应急预案，确保应急措施处于有效状态。

4.5.5　采空区崩落爆破验收

　　采空区崩落爆破效果评价验收很重要，根据采空区崩落爆破前后的区域体积平衡和岩体体积平衡，计算出遗留空区体积和采空区充填率，从而定量评价采空区崩落爆破处理效果。

　　地采转露天复采矿山生产过程中探测到的采空区崩落爆破处理，根据崩落范围和布孔方式的不同，可将采空区崩落治理归类为空区顶板（可含局部围岩）崩落爆破处理、空区围岩崩落爆破充填处理和空区顶板外围切割爆破处理三种，便于计算和分析采空区崩落爆破的效果评价和验收。

　　以上三种空区崩落爆破处理方法，均可以通过计算出采空区充填率 k 和局部遗留空区体积 $V_{2空}$ 两个指标进行采空区崩落爆破的效果评价和验收。其中采空区充填率 k，主要评价崩落爆破处理本身的效果，据此判别原主要安全隐患是否已排除；局部遗留空区体积 $V_{2空}$，主要评价空区崩落爆破处理后，剩余安全隐患的大小。

4.6　空区治理与采矿的协同作业

4.6.1　协同作业的基本要求和方法

　　地采转露天复采矿山，矿产资源和采空区相依相伴，正所谓"天使"与"魔鬼"共存、共舞，因此露天复采的过程就是空区治理和采矿施工的协同作业过程。因此，地采转露天复采矿山，不能盲目转入露天开采，宏观露天采矿环境再造是前提，即地采转露天复采前必须进行大型隐患空区的集中治理；在大规模地采转露天复采施工过程中，要时刻注意微观采场作业条件再造，对地采遗留空区进行探测、分析、处理和验收，有效排除露天剥采作业的安全隐患，其是地采转露天复采的核心技术；另外，还要充分认识其与一般露天矿山的不同，特别是矿山地质环境、矿山采矿技术和矿山生产组织方面，要采取有针对性的技术和管理措施。

　　为了实现采场空区安全治理与露天剥采施工协同作业，地采转露天复采矿山的日常生产组织，其组织管理的理念如图4-4所示，重点体现在以下四个方面：

　　（1）关于地采转露天复采矿山的地质环境安全，关键是要将宏观地质灾害的分析与防治工作做实。

（2）关于地采转露天复采矿山的采空区防治工作，关键是及时排除安全隐患，核心是将采空区的超前探测和崩落爆破处理做好。

（3）关于地采转露天复采矿山的采矿技术方面，关键是采空区、塌陷区采矿配矿技术及其管控流程，将矿石贫化损失控制和配矿工作做精。

（4）关于地采转露天复采矿山的生产组织管理，关键是采空区防治与露天采矿作业协调有序、协同作业，将露天采矿的工艺流程做顺。

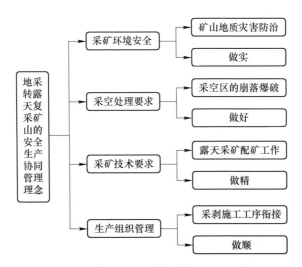

图4-4 空区治理与露天剥采协同作业的组织管理理念

4.6.2 采矿配矿施工组织与管理

地采转露天复采矿山的最终目的是回收矿产资源，采空区的治理是为露天采矿创造安全生产条件。露天采矿过程中，除了提高回采率、降低贫化率、减小损失率外，对于多金属矿山而言，往往还涉及科学合理配矿问题。

以广东省大宝山矿为例，地质条件十分复杂，加上地采对资源自然赋存状态的破坏和采空区隐患的存在，往往缺乏露天采场区域的高精度地质资料，很难按照较大规模的矿山地质工作管理流程指导采矿、配矿工作，需要将采矿配矿工作做细，有效控制贫化损失，其铜硫矿石开采循环推进的流程见图4-5所示。

为了确保铜选厂的持续稳定供矿，科学合理采矿配矿，在注重现场地质资料收集和快速分析的基础上采取了一些相应的措施，并建立了采空区施工安全监管流程和采矿配矿快速反应流程，人员之间责任明确，提倡相互配合。采取"有疑必探、先探后进"和"有疑必探、边探边进"两种方式进行采空区的生产勘探。如果该采矿区域发现需要三维扫描分析、崩落爆破处理的较大采空区，空区监控管理流程为主，采剥作业管理流程为辅；如果没有发现空区或者仅仅发现巷道

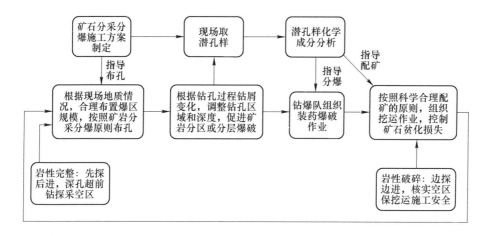

图 4-5　采矿配矿流程

等，采剥作业流程为主，空区监控管理流程为辅。两者相互配合，确保施工安全。

4.7　地采转露天复采程式与实施要点

4.7.1　地采转露天复采矿山的开采程式

考虑地下开采转露天复采进行矿产资源回收的历史不长，水文地质条件复杂，很多研究还不充分，现场总结的经验教训还不全面，需要工作过程中不断总结和完善。宏大爆破经过大量的调查研究分析，总结出矿山地采转露天复采的开采程式，如图 4-6 所示。地采转露天复采的开采方法理论体系的核心包括两部分，一是地采转露天复采前的宏观露天采矿环境再造，一是地采转露天复采中的微观采场作业条件再造。

地采转露天复采前的宏观露天采矿环境再造，主要是进行大型隐患空区的集中治理；地采转露天复采中的微观采场作业条件再造，主要是进行采场遗留的区域空区的治理，保障露天采矿作业人员和设备的安全。

总之，地采转露天复采矿山的最终目的是回收矿产资源，采空区的治理是为露天采矿创造安全生产条件，通过采场区域空区治理与采矿协同作业的手段，提高回采率、降低贫化率、减小损失率，同时保障施工安全。

4.7.2　地采转露天复采矿山的实施要点

通过对地采转露天复采开采程序体系的研究，分析了地采转露天复采过程中所涉及的主要问题及解决方法，以及在存在空区的采场内进行作业的组织和管理

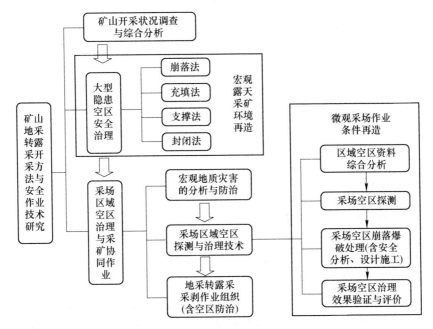

图 4-6 地采转露天复采开采方法理论体系

措施，得出如下地采转露天复采矿山的组织和管理的实施要点：

（1）对于矿山地采转露天复采的转变，首先需要对大型隐患空区进行集中处理，尤其是大空区和空区群，实现宏观露天采矿环境再造；宏观露天采矿环境再造以后，方可组织边露采作业边治理遗留采空区，实现采场空区治理与露天采矿施工的协同作业。

（2）考虑到遗留未治理空区和盲空区的存在，对露天采场施工现场人员和设备的安全仍可能造成较大威胁，为了确保露天采矿作业安全，需要建立宏观地质灾害监控和预警系统，包括对边坡稳定的监控和采场塌陷的预警，再根据露天矿山生产布局和进度情况，对影响施工安全的遗留空区进行超前探测和处理，实现微观采场作业条件再造。

（3）通过物探、钻探和三维扫描等技术手段实现了采空区的探明，但其稳定性分析和评价是一个极其复杂的过程，采用 FLAC3D 进行数值模拟能够从总体上判断采空区周围岩石的应力分布规律和变形趋势及采空区变形的影响范围，据此指导空区安全治理和露天采矿生产组织。

（4）岩体在受力变形过程中以弹性波形式释放应变能，基于该原理，引进长沙矿山院研发的 DYF-2 型智能声波监测多用仪和 STL-12 多通道声发射监测定位系统进行地压监测，以防止由于大面积采空区冒落而发生重大安全事故，为采场宏观安全建立另一道屏障。

（5）在含有空区的上部采场进行作业时，坚持"有疑必探、先探后进"的原则，采用物探、钻探和三维激光扫描等方法进行采空区的探测，然后在探测的基础上应用崩落法对其进行处理并验收，实现微观采场作业条件再造，从而保证每一个施工人员、每一台施工设备的安全。

（6）如果在采矿区域内发现需要三维扫描分析、崩落爆破处理的较大采空区，空区监控管理流程为主，采剥作业管理流程为辅；如果没有发现空区或者仅仅发现巷道等，采剥作业流程为主，空区监控管理流程为辅。两者相互配合，确保施工安全，提高施工效率。

4.8　本章小结

（1）地采转露天复采矿山的生产经营，其基本前提是充分认识到矿山开采过程是"天使"与"魔鬼"共存、共舞的特性，需要对矿山开采状况进行调查分析，既要充分认识"天使"即矿产资源，也要充分认识"魔鬼"即采空区，才能知己知彼、百战不殆。

（2）矿山地采转露天复采的开采程式体系的核心在于宏观露天采场条件再造和微观采场作业条件再造，将采空区这一"魔鬼"关进笼子里，其中地采转露天复采前的宏观露天采矿环境再造，主要是进行大型隐患空区的集中治理；地采转露天复采中的微观采场作业条件再造，主要是进行采场遗留的区域空区的治理，从而保障露天采矿作业人员和设备的安全。

（3）地采转露天复采矿山的最终目的是回收矿产资源，采空区的治理是为露天采矿创造安全生产条件，通过采场区域空区治理与采矿协同作业的手段，提高回采率、降低贫化率、减小损失率，同时保障施工安全。

5 宏观露天采矿环境再造

5.1 宏观露天采矿环境再造的意义

地下采矿转入露天复采矿山，其目的是回收遗留的矿产资源，发挥其内蕴的经济价值。但是，前期地下开采遗留的采空区，危害是多样性的，包括冒顶片帮、冲击气浪、大面积冒顶诱发地震、突泥突水、地面塌陷及山体滑坡等。

地下采矿转露天复采回收资源，首先要明确的这是一个非常规的露天矿山，矿区地下遗留了采空区，严重影响了矿区及其周边环境和露天采矿作业的安全。因此，在没有充分认识采空区的危害，未对采空区的危害进行评估分析和防范治理之前，不能盲目、直接投入露天复采，否则生态环境安全、地质条件安全、生产作业安全均无法保证。

正因为采空区的存在，其危害是显而易见的，往往危害程度较大，甚至是灾难性的。所以要进行宏观露天采矿环境再造，使其基本具备露天采矿的条件，再应用露天采矿的知识体系指导和组织露天采矿作业。对于地采转露天复采矿山，所谓宏观露天采矿环境再造，就是对地采遗留下来的大型隐患空区，在露天复采之前进行集中治理，为后续露天复采创造有利条件，其是露天复采的前提和基础。

地采遗留下来的大型隐患空区的集中治理，就是在时空不断演变的概念下分析、控制和治理地下采空区的危害，及时采取针对性的采空区综合治理措施，为露天采矿创造宏观稳定的矿山地质环境，最终实现地采转露天复采施工安全可控化这一目标。宏观露天采矿环境再造时需要治理的采空区，定义为大型隐患空区，其影响区域大、危害大，甚至是灾难性的。大型隐患空区的分析判别，主要依据如下特性：

（1）对露天开采矿区外围生态地质环境、设备设施、建（构）筑物等有较大影响，甚至威胁到人员生命安全，这类采空区无论是否进行矿山的"地采转露天复采"均需要进行及时治理。

（2）影响矿区生态地质环境、采场生产安全条件的采空区，其主要影响表现为矿区的地表塌陷和边坡垮塌等，易诱发灾难性的露天矿山安全生产事故。

另外，还有一些需要在大型隐患采空区集中治理时一并处理的空区，包括与需治理采空区贯通的小空区，保障采空区治理施工安全须治理的采空区，如对用作施工通道的巷道、采空区的临时支撑与加固等。

5.2 宏观露天采矿环境再造内容

地采转露天复采矿山，宏观露天采矿环境再造的内容，包括矿山开采状况调查分析、大型隐患空区集中治理、矿区宏观地质灾害的监测预警和露天采矿环境再造评估验收四个方面，如图5-1所示。矿山开采状况调查与综合分析是宏观露天采矿环境再造的前提，大型隐患空区集中治理是宏观露天采矿环境再造的核心，矿区宏观地质灾害的监测预警是宏观露天采矿环境再造的保障，露天采矿环境再造评估验收是宏观露天采矿环境再造的结果。

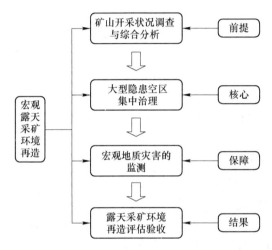

图 5-1 宏观露天采矿环境再造流程

5.2.1 矿山地下开采状况调查分析

宏观露天采矿环境再造的前提是收集并分析采空区的信息，才能知己知彼、百战不殆，确保治理过程安全、治理措施有效。

矿山地下开采状况的调查分析，往往是收集和分析采空区信息的最有效手段，可通过矿产资源的赋存情况和采矿方法来评估分析采空区。特别是地下采矿系统废弃多年不宜再启用，较大规模的地质灾害破坏了地下采矿系统，处处留有隐患的非法开采系统，均不具备井下安全实测采空区走向和布置等数据的条件时，通过矿山地下开采状况的调查分析来间接收集采空区信息并评估分析采空区属性及危害显得更加重要。

5.2.2 大型隐患空区的集中治理

地采转露天复采的前提条件是宏观露天采矿环境再造，即对大型隐患空区进行集中治理；如果对地下开采遗留的隐患空区不加以治理就盲目转入露天开采，将对现场露天安全生产造成极大威胁。例如大宝山矿 2004 年发生的三次大塌方，均因底部铜矿资源的地下开采遗留采空区诱发，虽无人员伤亡，但严重影响了上部露天铁矿开采的安全生产。

因此，宏观露天采矿环境再造是地采转露天复采矿山基建工程的重要组成部分，应该列入矿山基建工程的安全费用投入；其所指的"大型隐患空区"，专指空区失稳后影响区域大，容易诱导大规模矿山地质灾害的空区，而失稳后影响区域小的空区，一般留待露天开采作业过程中再适时处理，列入日常生产的安全费用投入。

采空区处理的实质是转移应力集中部位，缓解岩体应力集中程度，或使围岩中的应变能得到释放，使应力达到新的相对平衡，以达到控制和管理地压的目的，保证矿山安全生产。国内外矿山空区处理方法大致有崩落法、充填法、封闭隔离法和人工构件支撑法等，或几种方法的组合使用。大型隐患空区的治理方案，需要根据其具体情况，具体问题具体分析，采取某一空区治理方法或者联合使用多个空区治理方法。隐患空区集中治理后，需要进行全面、系统、客观的地采转露天复采安全评估，从安全生产和开采技术等方面充分论证该矿山是否具备了地下开采转入露天开采的条件，切忌盲目转入露天开采。

5.2.3 宏观地质灾害分析与监测

考虑到地采转露天复采矿山的地质复杂性，对空区认识不足以及未知空区的存在和矿山地质环境的不断演变，集中治理后的遗留空区仍有可能导致露天复采过程中发生较大规模的矿山地质灾害。因此，地采转露天复采矿山，在大型隐患空区集中治理后，还需要建立矿山宏观地质安全监控系统，其是宏观露天采矿环境再造效果的保障措施，也是露天复采施工安全的预防和预警措施，用以防止露天复采过程中发生大规模地质灾害并引起安全生产事故。宏观地质灾害分析与监测主要进行如下三方面的工作：

（1）边坡稳定分析与监控。当地下采区开采后，在其采动影响域内不同空间位置上各单元体的应力状态发生了变化，形成不同的应力区域并重新达到稳定，甚至是暂时稳定，有可能随着时间的推移发生较大岩移而失去稳定。如果此时在平衡体或暂时平衡体的一侧再进行露天开采，那么，边坡岩体就有可能会产生位移形变，进而发生边坡大范围滑移，给露天开采的安全生产带来威胁。边坡安全分析的目的就是采用边坡受力分析工具进行建模，定量分析边坡的稳定性，从而采取针对性的措施防止事故发生。尽管地采转露天复采前进行了大型隐患空区的集中治理，但考虑到遗留空区资料的不全、矿山水文地质情况的复杂性、空区研究分析还不全面不系统以及后续露天采矿爆破施工产生爆破振动的不利影响，除了必要的边坡稳定性分析，还需建立边坡稳定监控系统，避免地采转露天复采过程中发生较大规模的边坡滑塌事故。

（2）采场塌陷预防与预警。地采转露天复采施工过程中，遗留空区除了可能引起较大规模的边坡滑塌，还可能引起较大规模的采场塌陷。为保证采场安全生产，还需建立采场塌陷预防与预警系统，即采取有效地压监测措施，以防止由于大面积采空区冒落而发生重大安全事故。现场采取一般监测和定位监测两种监测方法。通过长期的监测与试验，得出了用事件率来划分井下顶板安全等级的经验数值。定位监测旨在确定监测区内所有岩体声发射发生的位置。引进长沙矿山院研发的 DYF-2 型智能声波监测多用仪和 STL-12 多通道声发射监测定位系统，前者对某些测点不定期实施监测，后者对某一区域实施连续监测。

（3）重点隐患区域的监测。通过对矿山生产现状及采空区进行现场调查后，对大型隐患空区进行了集中治理，但由于空区的复杂性和不断演变的特性，加上盲空区的存在和重点设备设施的保护和预警需要，还需要进行剩余重点隐患区域的检测与分析，对矿山的重要设备设施进行保护性监测与预警。

综上所述，矿山工程进行地采转露天复采作业，除了上述边坡稳定检测、采场塌陷监控和重点隐患区域监测外，还要加强日常的边坡、采场巡视工作，做到多方面、多角度确保施工安全。

5.2.4　宏观露天采矿环境再造评估

基于矿山地下开采状况的调查分析，对大型隐患空区进行了集中治理，并对矿区的宏观地质灾害进行分析与监测后，接着进行宏观露天采矿环境再造的效果评估与分析，确保再造后具备露天采矿的安全生产条件，才可以利用露天采矿的知识体系指导和组织露天采矿作业。

以广东大宝山矿为例，根据 2004 年矿山开展的井下采空区详查，井下 I ～ IX 采空区总体积约为 181.05 万立方米，其中 II、VI 等空区群充填体积约为 39.8 万立方米，三次大塌方充填了 83.1 万立方米空区，至 2004 年底剩余空区体积 58.15 万立方米，具体如表 5-1 所示。

表 5-1　井下主要采空区情况一览表（2004 年详查）

编号	原体积/万立方米	充填或崩落/万立方米	剩余体积/万立方米	采取措施
I	5.2	1.7	3.5	充填
II	23.0	18.4	4.6	继续充填
III	12.8	2.4	10.4	封闭
IV	14	6.5	7.5	充填

续表 5-1

编号	原体积/万立方米	充填或崩落/万立方米	剩余体积/万立方米	采取措施
V	50.3	40.5	9.8	封闭
VI	12.8	10.5	2.3	封闭
VII	36	23.2	12.8	封闭和充填
VIII	26	19.2	6.8	封闭和充填
IX	0.95	0.5	0.45	主巷改道
合计	181.05	122.9	58.15	

2006 年，大宝山矿业有限公司对大型隐患采空区及采空区群进行了治理，如表 5-2 所示，治理后还剩余空区体积为 26.65 万立方米。

表 5-2 井下采空区分布情况（采空区集中治理后）

编号	原体积/万立方米	充填或崩落体积/万立方米	现存体积/万立方米	采取措施
I	5.2	1.7	3.5	充填
II	23.0	20	3.0	继续充填
III	12.8	2.4	10.4	封闭
IV	14	7	7	充填
V	50.3	50.3	0	封闭
VI	12.8	10.5	2.3	封闭
VII	36	36	0	封闭和充填
VIII	26	26	0	封闭和充填
IX	0.95	0.5	0.45	主巷改道
合计	181.05	154.4	26.65	

综上所述，大宝山矿区的大型隐患采空区已经治理完毕，地下空区体积由原来的 181.05 万立方米缩减到 26.65 万立方米，遗留的采空区均为影响范围较小的区域空区，且建立了地质灾害分析与监测系统，剩余空区的危害程度有限、总体风险可控，可待露天开采作业时再治理，已经具备露天复采的条件。

5.3 地下采空区的集中治理方法

5.3.1 地下采空区治理的基本方法

采空区处理的实质是转移应力集中部位，缓解岩体应力集中程度，或使围岩中的应变能得到释放，使应力达到新的相对平衡，以达到控制和管理地压的目的，保证矿山安全生产。国内外矿山空区处理方法大致有崩落法、充填法、封闭隔离法和人工构件支撑法等，或几种方法的组合使用。地采转露天复采矿山的大型隐患空区的集中治理，当具备地下施工的条件时，可以借鉴地下采矿时地压管理与空区治理的手段和方法，但要具体问题具体分析，采取某一空区治理方法或者联合使用多个空区治理方法。

5.3.1.1　崩落法

崩落法是指崩落围岩充填采空区，分为自然崩落法和强制崩落法两大类。其特点是自然或强制崩落围岩充填采空区并形成缓冲保护垫层，或者强制崩落采空区覆岩，防止其因应力过度集中而突然冒落。强制崩落法细分为全面放顶法、切顶法和削壁充填法。切顶法的施工工艺有深孔、中深孔、浅孔爆破三种，较容易与矿柱回收同步实施，比全面放顶法经济，适当控制切顶工艺与顺序还可以减缓地表沉陷。在处理厚大或者地下转露天开采的采空区时常用全面放顶法，其施工工艺有硐室爆破和垂直漏斗后退式采矿法（VCR，Vertical Crater Retreat）两种，相对深孔、中深孔或浅孔爆破其单价要低。削壁充填法的施工工艺也分为深孔、中深孔和浅孔爆破三种，一般用于极薄矿脉采空区的处理。

爆破预处理弱化、注水软化或弱化顶板技术的不断成熟，使得采空区采后不久无害地自然冒落成为可能，由此在长臂后退基础上发展了无间柱连续采矿工艺。为了保护地表环境，发达国家一般采用崩落法处理采空场，除非应用了预防性灌浆技术。为了减少地表崩落沉陷，我国在20世纪80年代也发展了覆岩离层注浆减少沉降技术。近几年国内外在自然崩落处理采空区领域的研究主要集中在顶板沉陷监测和动态分析、可崩性分析等方面。

5.3.1.2　充填法

充填法侠义上只指从坑外通过车辆或管道输送废石、河沙、尾砂等充填采空区，广义上还包括垃圾、粉煤灰、自然蓄积的水、废液等充填采空区。这种方法限制岩体移动的效果良好，一般适用于处理上部需要保护，或者矿岩会发生内因火灾以及稀有、贵重、高品位矿床开采的采空区。

为了控制采区地表移动，1864年美国宾夕法尼亚州某煤矿首次应用水砂充填法处理了采空区。随后各国逐步发展了矿房采矿嗣后充填、水力充填、机械输送充填、胶结充填、膏体充填和覆岩离层注浆减少沉降技术。为了降低成本，许多矿山都应用空场法嗣后充填采空区。为了实现可持续发展，环保和无公害地利用采空区建设核电站、生产车间或实验室，埋藏自产垃圾、生活垃圾或核废料，储存水或废液等也在不同程度上得以实现。

充填法可分为干式充填和湿式充填两种。前者建设充填系统投资少，简单易行，但充填能力低。后者流动性好，充填速度快，效率高，但需一整套充填输送系统和设施，投资大，其中胶结充填较水砂、尾砂充填成本更高。因此，选用充填法的一般原则是：首选干式充填，若矿山自产废石难以满足采空区处理的要求则考虑补建尾矿充填系统，如果矿山现有尾砂量有限或者其他原因则考虑水砂充填，胶结充填一般用于极差的岩体条件。为了降低湿式充填水患或跑浆量，近年来矿山大量应用膏体充填法，尽量提高浆体浓度，并不断改进滤水、疏干工艺。

5.3.1.3 封闭隔离法

封闭隔离法是一种经济、简便的采空区处理方法，仅适用于隔离孤立小矿体、端部矿体开采后形成的采空区以及需继续回采大矿体上部的采空区。

实践证明，对于大规模采空区处理仅仅用该方法很难保障完全有效；对分散、采幅不宽而又不连续的采空区，国内外很早就有应用留隔离矿壁、修筑钢筋混凝土等材料的隔离墙、爆破挑顶、胶结充填封堵或顶板开"天窗"的报道。

5.3.1.4 人工构件支撑法

支撑法是指留下永久矿柱或构造人工矿柱支撑顶板的采空区处理方法。该方法一般适用于地表允许冒落的空场类方法开采缓倾斜至中厚且顶板相当稳定的矿体、贱矿体形成的采空区的处理。

在 18 世纪，采矿工业一经成型，就有用支撑法处理采空区的相关报道。1907 年 Danieis 和 Moore 开始研究矿柱强度，随后提出了一系列的矿柱设计方法。实践证明，只用矿柱支撑顶板，只能暂时缓解开采期间的地压显现，除非采出率极低，一般并不能长期避免冒顶或顶板冲击地压事故。

5.3.1.5 联合法

联合法是指在一个采空区内同时应用几种方法或者应用一种施工工艺而达到多种方法处理功效的采空区处理方法。由于单一采空区处理方法均有局限性，因而产生了联合法。

5.3.2 地下采空区治理方法的选择

地下采空区治理，通常指地下采矿时的采空区治理，其主要目的一是排除地下开采施工的安全隐患，二是为后续地下采矿创造有利的开采条件。采空区治理的方法多种多样，国内外矿山空区处理方法大致有崩落法、充填法、封闭隔离法和人工构件支撑法等，或几种方法的组合使用；国内李俊平亦介绍了切槽放顶法、切顶与矿柱崩落法、V 形切槽上盘闭合法、硐室与深孔爆破法四种新联合法，可作为采空区治理方法的有效补充。

地采转露天复采矿山的采空区治理，虽然跳不出上述地下采矿时采空区治理的相关方法，但要根据地采转露天复采矿山的具体情况，具体问题具体分析，采取某一空区治理方法或者联合使用多个空区治理方法，不能简单照搬。地采转露天复采矿山，有些矿山具备地下治理采空区的条件，有些不具备地下治理采空区的条件。

当地下施工安全总体有保障时，可以借鉴和使用地下采矿时的地压管理与空区治理的手段和方法，创造采空区治理施工的条件，进行采空区地下治理施工，创造宏观露天采矿环境，排除露天复采作业时的重大安全隐患。但是，大部分地采转露天复采矿山，原有的地下采矿系统废弃多年不宜再启用，或者较大规模的地质灾害破坏了地下采矿系统，或者是处处留有隐患的非法开采系统，限制了采空区治理的方法和手段。

另外，考虑到露天复采过程的不断演变，应力和位移场不断变化，加上长年累月的爆破开采扰动，有些地下采矿时的采空区治理方法难以长期有效，如人工构件支撑法往往难以长久有效。尽管充填法安全可靠，彻底排除了空区塌落的安全隐患，但施工成本大、周期长，如充填空区位于露天采坑的境界范围内，还存在二次搬运的问题而导致不经济。

综上所述，需要根据地采转露天复采矿山的特点和空区治理目的不同，选择安全、经济、合理的采空区治理方式，如图 5-2 所示，采空区治理施工安全无法保障的治理方法不选，采空区隐患治理有效期短无法满足露天开采生命周期需求的方法不选，同时尽量避免因采空区治理导致露天采矿时的二次搬运。

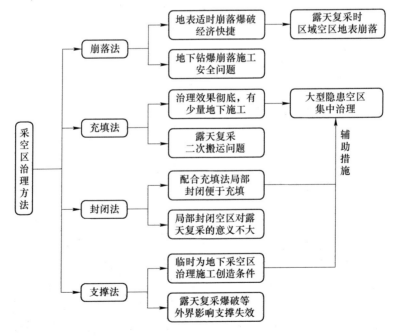

图 5-2　采空区治理方法的优选

5.4 边坡垮塌地质灾害模拟分析方法

地采转露天复采矿山，采空区可能诱发边坡垮塌地质灾害，归根到底还是岩土力学问题。数值模拟方法是目前分析岩土工程问题最为直观的方法，为了验证空间位置的不同，采空区对边坡的稳定性的影响程度，采用单因素变换法，分别从空区走向、埋深、与边坡的距离三个空间方位方面定量模拟分析。

5.4.1 数值模型建立

为了研究采空区的存在对露天开采边坡稳定性的影响，采用常规边坡模型及同类矿山具有代表性的力学参数，以期得到普遍性的规律。

经过力学模型分析和简化，结合以往工作经验，选用具有代表性的力学参数，本模型力学参数见表5-3。

表 5-3 岩石力学参数表

密度 /kg·m^{-3}	弹性模量 /MPa	泊松比	黏聚力 /MPa	摩擦角 /(°)	抗拉强度 /MPa
2660	14200	0.251	0.6	22.4	0.1

在 FLAC3D 计算中，岩体变形参数采用的是包含更多材料基本特性的体积模量 K 和剪切模量 G。因此，必须将弹性模量 E 和泊松比 μ 转化成体积模量 K 和剪切模量 G，转化公式如下：

$$K = E/3(1 - 2\mu)$$
$$G = E/2(1 + \mu)$$

通过转化后得到的岩石力学参数见表5-4。

表 5-4 岩石力学参数表（FLAC^{3D}计算用）

密度 /kg·m^{-3}	体积模量 /MPa	剪切模量 /MPa	黏聚力 /MPa	摩擦角 /(°)	抗拉强度 /MPa
2660	9505	5675	0.6	22.4	0.45

采矿工艺过程的力学计算必须反映出地壳本身存在着的应力，由于地层本身存在着应力，所以原始岩体都处于应力平衡状态。地层中每个质点的岩石都受三向应力的作用，应力是受约束的，并处于平衡状态。一旦开挖形成，原岩体的初始应力平衡状态遭到破坏，应力、变形相伴而生。此部分的模型建立及网格划分

采用了常用的 ANSYS 软件，然后通过 ANSYS-FLAC3D 接口程序导入 FLAC3D 进行计算。并对模型做如下简化：

（1）采空区按矩形断面采空巷道考虑。

（2）模型岩体简化为各向同性均质体。

（3）采空区一次开挖，边坡分台阶开挖。

5.4.2　采空区走向对边坡稳定性影响数值模拟

为了客观反映采空区走向对边坡稳定性影响，模型选取两种具有代表性的走向角度，即与边坡走向夹角分别为 0° 和 90°，从受力和位移两个主要方面进行分析。夹角为 0° 空区底部最外侧距边坡水平距离 15m。夹角为 90° 空区位于模型 y 方向中间，第五台阶下部。模型尺寸为 300m×150m×200m，台阶坡面角 63°，台阶高度为并段后高度 24m，空区断面尺寸取 8m×8m。模型建立及网格划分见图 5-3，模型划分为 140874 个六面体单元，149968 个节点。

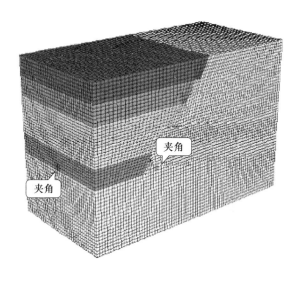

图 5-3　模型建立与网格划分

5.4.2.1　位移分析

通过图 5-4 和图 5-5 边坡位移云图比较分析，可以看出，空区平行边坡走向时，台阶位移等值面向空区附近发展；而垂直边坡走向空区时，台阶位移等值面未见较大扰动，临近采空区的两个边坡台阶上部位移量较平行边坡走向的位移量有所增大，空区硐口附近位移场有一定变化。

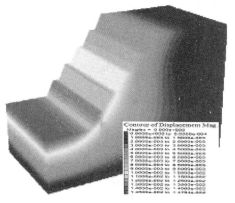 

图 5-4   平行边坡走向边坡位移云图   图 5-5   垂直边坡走向边坡位移云图

5.4.2.2   应力分析

通过图 5-6 和图 5-7 最大主应力云图比较分析，可以看出，平行边坡走向空区对边坡最低台阶整体有应力集中效应，而垂直边坡走向空区对边坡最低台阶仅局部产生应力集中；平行边坡走向时采空区上方的台阶的最大主应力明显大于垂直边坡走向情况下的边坡。这说明，平行边坡走向空区对边坡最低台阶稳定性影响较大，垂直边坡走向空区对边坡最低台阶稳定性影响较小。

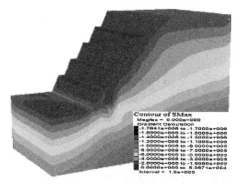 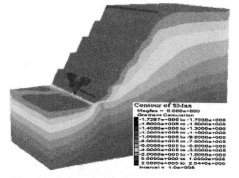

图 5-6   平行边坡走向边坡最大主应力云图   图 5-7   垂直边坡走向边坡最大主应力云图

经过上述模拟计算，对比计算结果，可以看出采空区与边坡走向平行时对边坡台阶影响较大，影响区域贯穿整个模型宽度；采空区与边坡垂直的情况下，即使采空区贯穿边坡，其对边坡整体稳定性影响较小，只对边坡局部影响较大。

5.4.3   采空区埋深对边坡稳定性影响数值模拟

基于采空区与边坡夹角相互影响关系的数值模拟分析，可知采空区走向与边坡平行情况下对边坡稳定性影响较大。因此，本节的数值模拟考虑采空区走向与边坡平行情况，将边坡的稳定性问题简化为平面问题讨论采空区埋深对边坡稳定性影响。

　　为尽量真实研究采空区埋深对边坡稳定性影响，在模拟过程中，采空区位置选择在各个台阶内部，距离坡脚相同水平距离。模型尺寸 300m×200m，划分为 3159 个网格，6740 个节点，边坡、采空区及岩石力学参数同上。采空区与边坡相对位置及网格划分如图 5-8 所示。

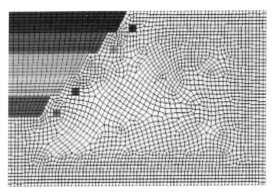

图 5-8　采空区与边坡相对位置图

模型开挖顺序如下：

（1）建立模型，弹性平衡及塑性平衡计算。

（2）开挖第一台阶空区，迭代 1000 步。

（3）开挖边坡台阶，每台阶迭代 1000 步。

（4）最低水平台阶开挖后求解平衡。

其余台阶内空区及边坡开挖顺序同第一台阶。

5.4.3.1　位移分析

　　从图 5-9 中可以看出，（a）、（b）图中空区埋藏较浅，对边坡位移场影响较小；（c）、（d）、（e）图中边坡位移等值线有明显向空区扩展的趋势。并且随埋深的增加，由于空区的存在，边坡台阶位移场受空区扰动越明显，位移等值面出现间断和跳跃现象。

5.4.3.2　应力分析

　　从图 5-10 最小主应力（为拉应力方向）比较分析，可以看出，与采空区处于同一水平的边坡台阶的应力分布情况受到采空区的影响，并且随埋深的增加，空区附近应力集中程度也有所增加。

　　为分析空区对边坡应力影响，对各种不同情况台阶坡脚位置最大主应力进行统计分析，如图 5-11 所示。从图中可以看出，由于采空区的存在，相邻台阶坡

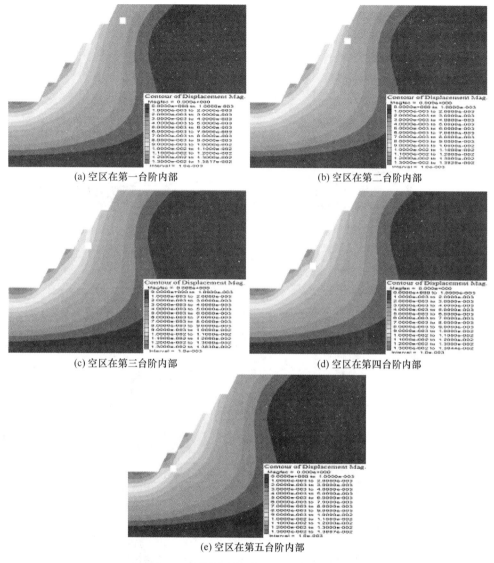

(a) 空区在第一台阶内部   (b) 空区在第二台阶内部

(c) 空区在第三台阶内部   (d) 空区在第四台阶内部

(e) 空区在第五台阶内部

图 5-9　不同埋深条件下边坡位移云图

脚最大主应力值有所增加，其余台阶坡脚处应力值变化较小。说明空区对相邻台阶影响较大，对其他台阶影响较小。

通过上述数值模拟研究，可见无论空区处在边坡哪个台阶内部，都会对台阶稳定性造成影响，并且对相邻台阶影响较大。

5.4.4　采空区与边坡间距离对边坡稳定性影响

模型共划分为 3422 个网格，7140 个节点。采空区距离坡脚水平距离分别为

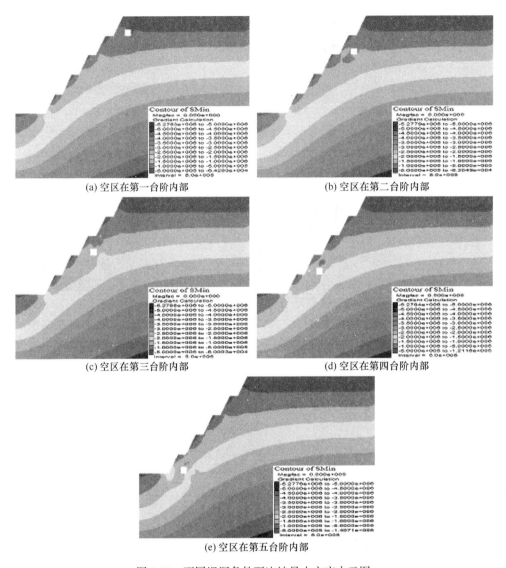

(a) 空区在第一台阶内部   (b) 空区在第二台阶内部

(c) 空区在第三台阶内部   (d) 空区在第四台阶内部

(e) 空区在第五台阶内部

图 5-10　不同埋深条件下边坡最小主应力云图

20m、40m、60m、80m、100m、120m。空区与边坡相对位置及网格划分如图 5-12 所示。

5.4.4.1　位移分析

从图 5-13 位移云图中可以看出采空区无论距离边坡多远，其周边都会出现位移场变化，这也是符合岩石力学规律的。只是，采空区与边坡距离越近，边坡位移等值线向采空区发展趋势越明显。采空区与边坡距离增加到一定值后，其对

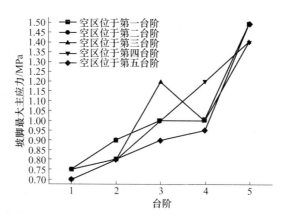

图 5-11　各台阶坡脚最大主应力曲线图

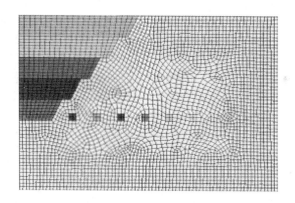

图 5-12　空区与边坡相对位置图

边坡位移场的影响将可基本忽略，空区与边坡距离大于 40m 后，对边坡位移基本无影响。

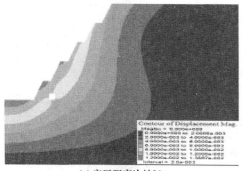
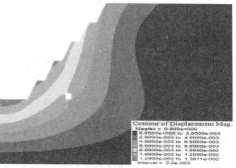

(a) 空区距离边坡20m　　　　　　　　　　　(b) 空区距离边坡40m

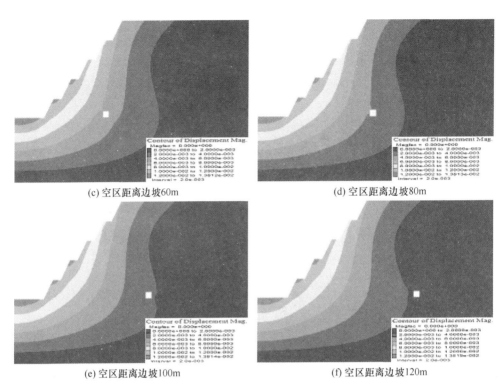

(c) 空区距离边坡60m　　　　　　　(d) 空区距离边坡80m

(e) 空区距离边坡100m　　　　　　　(f) 空区距离边坡120m

图 5-13　空区与边坡不同距离条件下边坡位移云图

5.4.4.2　应 力 分 析

　　从图 5-14 最小主应力（为拉应力方向）云图可以看出，应力等值线随空区与边坡距离的减小而向边坡方向推进。空区距离边坡 20m 和 40m 两种情况，坡脚应力场受空区应力场扰动较明显。其余四种情况，坡脚及边坡周边应力分布变化基本不大，空区应力场对边坡应力场分布影响很小。

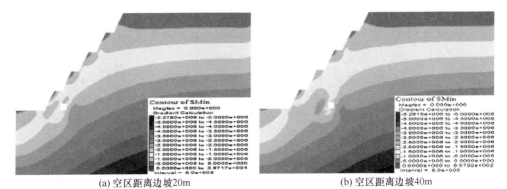

(a) 空区距离边坡20m　　　　　　　(b) 空区距离边坡40m

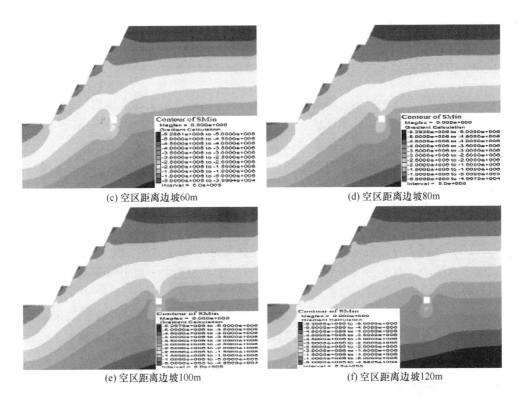

(c) 空区距离边坡60m (d) 空区距离边坡80m

(e) 空区距离边坡100m (f) 空区距离边坡120m

图5-14　空区与边坡不同距离条件下边坡最小主应力云图

从图5-15可以看出，仅空区与边坡水平距离最近时，坡脚最大主应力有所增加，其他情况坡脚应力无明显增加。通过数值模拟研究，可见采空区距离边坡越近，对边坡台阶稳定性影响越大，距离超过40m对边坡稳定性影响可以忽略。

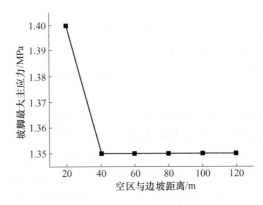

图5-15　边坡坡脚最大主应力随空区与边坡距离变化曲线

5.5　采场塌陷地质灾害的监测预警

5.5.1　采空区影响地表沉降塌陷关键因素

地采转露天复采矿山，除了边坡垮塌，采场塌陷也是主要矿山地质灾害的表现形式。地下采矿时，开采深度、开采厚度、地形条件、采空区填充情况等因素对地表的沉降塌陷有着重要的影响：

（1）开采深度。随着开采深度的增加，地表竖向沉降随之递减，最大水平变形也随之减小。当开采深度较大时，开采深度对地表变形的影响已不明显。

（2）开采厚度。随着开采厚度的增加，地表竖向位移随之递增，最大水平变形也随之增大。

（3）地形条件。随着地形坡度的变化，采空区移动盆地的中心逐渐向地势较低方向移动，而不再位于采空区的正上方。这主要是由于地表覆盖土层产生的由地势高处向地势低处的堆积作用所致。

（4）采空区充填的影响。开采之后及时充填，对地表变形的控制效果较明显。如果填充材料强度可以继续提高，填充工艺可以更加完善，可以预见采空区充填对地表变形的控制效果会更可观。

5.5.2　采场塌陷的监控与预警技术

为保证地采转露天复采采场安全生产，需要建立采场塌陷预防与预警系统，即采取有效地压监测措施，以防止由于大面积采空区冒落而发生重大安全生产事故。

岩体在受力变形过程中以弹性波形式释放应变能的现象称为声发射，使用仪器检测分析声发射信号和利用声发射信号推断声发射源的技术称为声发射技术。声发射作为一种探测表征岩体内部状态变化的工具，近几年已越来越多的为人们所重视。声发射是岩体受力变形过程中发生的一种声学现象，表征声发射的参量不同于位移、压力等地压参数。因此，声发射参量的获得与常规地压参量的获得有所不同。

声发射的监测方法一般分为两类：一类是流动的间断性监测方法，采用便携式声发射监测仪对某些测点不定期实施监测；另一类为连续监测，采用多通道声发射监测系统对某一区域实施连续监测。在预测预报方面，由于声发射参量携带大量有关岩体特性的信息，且在岩体破坏之前就产生变化，以声发射参数为预报指标能够对岩体破裂与冒落提前预报，可保证现场有足够时间采取安全措施，并可利用到达各探头的时差和波速关系确定声源位置，从而评价、预测岩体的破坏位置，及时掌握地压发展的动态规律，便于矿山制定安全生产计划。

地压监测，现场可采取一般监测和定位监测两种监测方法。通过长期的监测与试验，得出了用事件率来划分大宝山矿井下顶板安全等级的经验数值。定位监测旨在确定监测区内所有岩体声发射发生的位置，如长沙矿山院研发的 DYF-2 型智能声波监测多用仪和 STL-12 多通道声发射监测定位系统，前者对某些测点不定期实施监测，后者对某一区域实施连续监测。

目前，地应力测量适用于生产过程中地质灾害监测，可长期实时进行监测围岩应力变化。岩体在受力变形过程中以弹性波波形式释放应变能通过对岩石的声发射信号的分析和研究，可推断岩石内部的性态变化，反演岩石的破坏机制，实现监测。与地面联网监测的声发射监测系统方案图如图 5-16 所示，测试数据如图 5-17 所示。

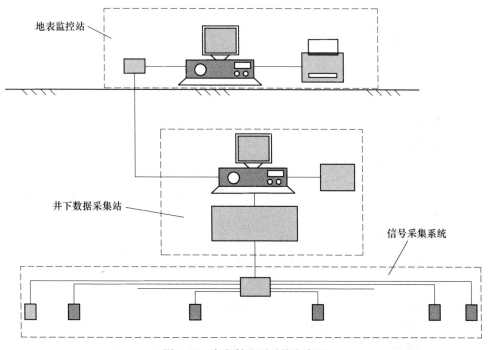

图 5-16　声发射监测系统方案图

另外，为弥补地压监测的定点性，还需要配有专门技术人员对重点隐患区域进行日常巡查，对出现裂隙的地带要立刻叫停施工，撤离人员设备等待进一步处理。

5.6　本章小结

（1）宏观露天采矿环境再造的内容，包括矿山开采状况调查分析、大型隐患空区集中治理、矿区宏观地质灾害的监测预警和露天采矿环境再造评估验收四

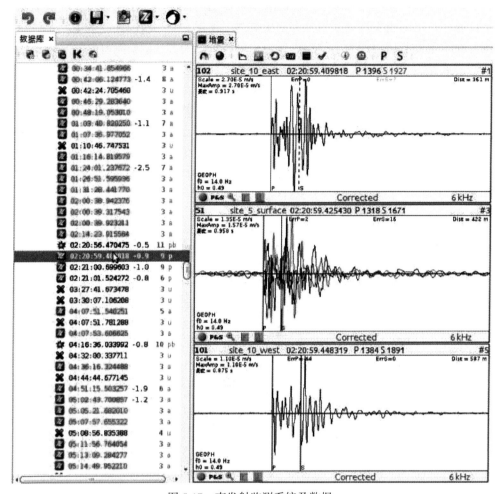

图 5-17　声发射监测系统及数据

个方面，其中矿山开采状况调查与综合分析是宏观露天采矿环境再造的前提，大型隐患空区集中治理是宏观露天采矿环境再造的核心，矿区宏观地质灾害的监测预警是宏观露天采矿环境再造的保障，露天采矿环境再造评估验收是宏观露天采矿环境再造的结果。

（2）在露天采矿中，采空区引起的地质灾害主要是对边坡稳定性的影响和地表沉降塌陷影响。当采空区位于采矿台阶下部或矿坑和边坡的交界底部则容易影响边坡稳定性，且随着采空区距离坡脚距离越来越近，"两增一减"作用增大，边坡稳定性受到很大影响，发生滑坡概率加大；当采空区位于矿坑底部则容易引起大面积的采场塌陷灾害。

（3）采空区引起矿山边坡失稳类地质灾害的因素主要包括采空区与边坡走

向夹角、采空区埋深、采空区与边坡间距离。当采空区离坡脚距离越来越近,边坡稳定性受到很大影响;采空区与边坡走向夹角越大对边坡台阶影响越小。

(4) 地采转露天复采矿山施工,要通过前期废石充填采空区、崩落充填采空区以及自然垮塌等方法和手段,实现了宏观露天采矿环境再造,再配合后期边坡稳定监测、地压监测和专员巡视等措施,可以对地采遗留空区诱发较大规模地质灾害进行有效监控和预警,矿山宏观安全得到保障,但在露天采剥作业时,仍要注意微观采场作业条件再造,即对采场遗留空区进行安全处理。

6 采场遗留空区的探测与探明

6.1 采空区超前探测的必要性

地采转露天复采矿山，虽然在露天复采之前进行宏观露天采矿环境再造——大型隐患空区集中治理，但是露天开采境界内仍然遗留一部分采空区，包括待开采过程治理的空区、充填处理未接顶的采空区、村民盗采产生的盲空区等。

露天复采的过程中，要对采空区进行治理，首先需要对采空区的地理位置、形状、埋深等情况进行了解，即进行采空区探测。只有对采空区探明以后，采场遗留空区的治理才能有的放矢，从而恰当地处理采空区，消除隐患，为矿山采掘作业保驾护航。

一般情况下，采场遗留空区的资料往往不全，同时又是随着露天复采的进行而不断演变，如采空区顶板的自然冒落导致采空区形态和位置发生变化，村民盗采形成新的采空区及盗采矿柱使采空区参数改变。因此，在露天复采的过程中，一般遵照"有疑必探、先探后进"的原则，用多种探测方式进行采空区的进一步探测和探明，俗称为采空区超前探测。

采空区超前探测采用具有互补性的探测手段，从粗到细探测采场遗留的采空区，如采用物探、钻探和三维激光扫描相结合的探测方法。物探方法是以观测各种地球物理场的变化规律为基础，进行采空区宏观分析和普查；钻探主要是通过钻孔的方式来判别、确认、查明采空区的存在；三维激光扫描是在钻探的基础上确定空区的位置、大小、形状，为采空区的后续安全高效治理提供精确的基础数据。

6.2 采空区超前探测方法

采空区的探测，国内外主要是以采矿情况调查、工程钻探、地球物理勘探为主，辅以变形观测、水文试验等。其中，美国等西方矿业发达国家以物探方法为主，而我国目前以钻探为主，以物探为辅。

6.2.1 物探分析方法

国内外学者利用地球物理勘探技术对查明地下采空区方面做了大量的工作，采空区的探测成了工程地球物理的热点。根据其所研究地球物理场的不同，各种采空区物探方法通常可分为重力法、电磁法、地震法和发射性勘探等四大类，如图 6-1 所示。

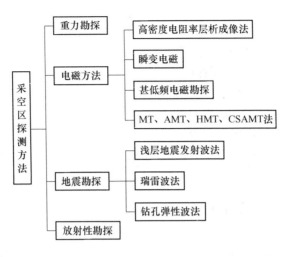

图 6-1 物探方法分类

各种物探方法都有其适用范围，考虑到地采转露天复采矿山的地质条件的复杂性，一种物探方法往往难以满足矿区的宏观勘探要求，建议采用多种性能互补的物探手段进行综合探测分析，提高物探水平，使物探成果对后续露天采矿施工安全组织与管理更有指导性。

6.2.2 钻探分析方法

钻探主要是通过钻孔的方式来判别、探明工程地质情况，如采空区的分布、埋深等。一般情况下，根据取样分析（如采集的地质钻岩心、潜孔钻钻屑等）和钻孔过程情况，并集合已经收集的井下开采资料、矿产赋存情况可推断采空区的大致情况。

以广东省大宝山矿为例，地质图上或新钻探到赋存铅锌矿、高品位铜矿的位置，则很可能存在采空区，因为无论无序的民采还是正规的矿山地下开采，均是开采价值较高的矿体。主矿体的民窿开采部分虽然没有详细资料，导致存在不少盲空区，但盲空区存在的位置亦有规律可循，可沿着主矿体的走向重点探测；当然也有盲矿体被盗采留下的盲空区，需要特别注意。

在空区钻探过程中发现穿孔，可按照钻孔深度判别空区顶板厚度和空区高度，并向四周扩散钻孔探明空区大小。如果在塌陷区钻探，岩石完整则说明可能存在地表大面积塌陷时整体移位的局部小采空区；如果岩石破碎松软，则说明由于地表塌陷已经基本将原采空区填充。

6.2.3　物探与钻探的对比分析

由于物探方法均是以观测各种地球物理场的变化规律为基础的，因此当物探方法来解决各种地质问题时，它必须具有一定的地质及地球物理条件才能取得满意的效果。由于地质条件的复杂性以及地球物理场理论自身的局限性，很难有一种方法能对采空区进行精确的探测。但不可否认，通过各种物探方法进行宏观分析和普查，是非常具有指导意义的；钻探探明的采空区给人实实在在的感觉，但其有"以点窥面"的缺陷，难免漏探。

因此，应尽可能地利用多种物探方法的成果，并进行工程钻探分析，进而综合解释和分析空区情况，以便得到确切的地质结果，指导地采转露天复采矿山的安全生产。

6.3　采空区超前探测分析

6.3.1　采空区的物探分析

矿山赋存不同属性的矿产资源，加上资源的自然赋存状态已经遭到破坏，地质条件往往比较复杂，各种物探方法均有其弊端，所以采用物探为辅、钻探为主的方法进行采空区的超前探测分析。物探方法主要进行露天采场的宏观定性分析，把握全局；钻探主要进行露天采场的局部定量分析，指导每一个露天采矿作业点的安全施工。以物探中的高密度电法为例，可以通过电阻率的变化和矿脉的走向综合判断和区分采空区、矿体、盲空区、盲矿体，找出分布规律，如图6-2所示。

以广东省大宝山矿为例，委托核工业290研究所采用综合物探方法对大宝山矿地下（深度80m以内）的采空区进行探测，得出以下经验教训：

（1）大宝山矿区为多金属矿区，矿产种类多（上有褐铁矿、菱铁矿；中有铜、硫、铅、锌等矿；下有钼矿），矿床规模大。矿区的电磁干扰大，且金属矿体对电磁波具有很强的吸收和屏蔽作用，在本区用地质雷达探查采空区难以达到勘探目的。

（2）高密度电法对采空区勘探效果明显，当地下采矿形成采空区后，空区的电阻率会大幅度增加，形成高阻电性异常，其视电阻率与围岩差别明显，应用电法寻找采空区具有良好的地球物理条件，建议以高密度电法为主要勘查手段，通过合理布线和多种测量装置进行对比测量，可达到较好的勘探效果；但是采空区塌陷被水、泥质和矿石充填后，其电阻率会大幅度下降，与多金属矿体接近，则电法对塌陷后的采空区难以有效探测；另外现场存在地形和地质干扰，地质干扰主要为复杂的地层结构以及浅部的铁矿体和深部的层状铜、铅、锌、硫多金属

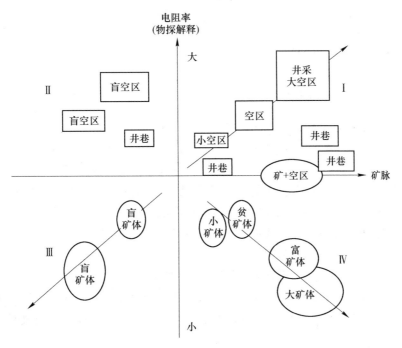

图 6-2 高密度电法采空区的物探解释

矿矿体。由于干扰因素的存在，对勘探效果会有一定影响。

（3）采空区内介质一般为空气和水，采空区外介质为岩土层。采空区内外介质之间存在明显的波阻抗差异，为采用地震勘探方法探测采空区提供了较好的物性前提。但是，现场往往有干扰，增加了地震勘探方法的难度，影响了其准确性和可靠性。现场的主要干扰因素包括人工干扰和地质干扰。人工干扰包括附近采矿施工及运输车辆的振动干扰。地质干扰主要为探测地段岩土层地层产状陡峭、风化程度高、分布极不均匀等。由于干扰因素的存在，对勘探效果会有一定影响，往往由于工作参数选择不合理，未采集到有用的反射波记录，因而较难达到预期的勘探效果。

（4）在试验区，可以继续进行地质雷达、地震勘探等方法的试验，通过对仪器参数和工作装置进行测试与调整，以找到在本区应用地质雷达、地震勘探方法勘查采空区的有效手段，以弥补电法勘探方法的单一性和局限性，且多种勘查方法手段能够对异常进行互相佐证，以达到最佳勘查效果。

根据探测结果，绘制了物探解释推断断面图和切面投影平面图，供采掘作业时参考。但是，物探解释的空区异常的范围及深度与实际比较会存在一定的误差；物探只能识别某深度范围，具有一定规模的目标体，如较小的空区和坑道物探异常很难识别。尽管物探存在一定的误差，但实践证明，无论是地下开采资料比较全的北部铜露天采场，还是民采猖獗并无任何资料的南部铁露天采场，均有较大的指导意义，使后续钻探工作有的放矢、事半功倍。

6.3.2　采空区的钻探分析

6.3.2.1　采空区的钻探分析依据

根据露天采场进度图、地下开采遗留采空区的资料、物探探明采空区资料和矿产资源赋存情况图，对不同开采阶段采空区与生产作业台阶的相互关系进行综合分析的基础上，进行采空区探孔的布设、钻孔和总结分析。采空区钻探就是通过钻机钻孔的方式来判别、探明工程地质情况，做到"有疑必探、先探后进"，确保采场施工安全。采空区的钻探分析的依据如下：

（1）原地下开采采空区的资料及物探探明的空区资料。

（2）原地下采空区治理图。

（3）铅锌矿、高品位铜矿富集区（尽管部分民窿没有详细资料，但无论周边农民盗采还是大宝山矿的地下开采，均是开采价值较高的矿体，故地下采空区均有一定的规律可循；当然民采过程中如发现好的盲矿体，往往也会被采掘而留下盲空区）。

（4）钻探施工设备的技术参数指标，确保钻探分析的设计要求与施工设备的能力相匹配。

采空区的钻探分析，就是通过钻孔来探测和分析采空区。露天复采初期，遇到的采空区往往较小、相对独立，可用高风压潜孔钻机（移动方便）进行采空区钻探，但经常因塌陷区、破碎层影响难以达到设计深度（原则上为"一个台阶高度+保安层厚度"），不得不在挖装作业的过程中穿插采空区钻探，确保挖掘机受力位置的底板厚度大于采空区保安层厚度，从而实现采空区风险的可控。随着露天复采开采层面的下降，采空区施工安全问题往往更加突出，将开始面临较大采空区和采空区群。单一使用高风压潜孔钻机进行采空区钻探，难以满足大跨度大空区和采空区群（包括多层空区）的钻探分析要求，因此采用地质钻深勘（一般大于50m）和潜孔钻详勘相结合的方式，两者互补，稳步推进采空区钻探。

6.3.2.2　采空区钻探孔布设原则

地采转露天复采矿山的钻探，钻探孔的布置要合理，既有利于节约钻探成本，也减少空区勘探对露天采矿施工的影响。通过采空区及地质资料的综合分析，按照"有疑必探、先探后进"的总原则开展采空区的钻探工作，总结钻探布孔与分析的基本原则，如图6-3所示。

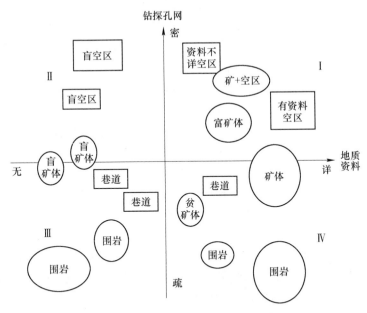

图 6-3 钻探布孔与分析的原则

采空区钻探孔的布设，首先要选择合理的钻孔施工设备，同时兼顾采空区钻探的施工安全、施工成本和施工效率等。经过多年来的经验总结，认为采空区钻探设计与施工的原则宜为：

（1）地质钻钻探主要探测大跨度空区和空区群，防止灾难性的极易导致群死群伤事故的采场大塌方发生。

（2）潜孔钻钻探主要进行采空区的生产勘探，主要针对小空区、次生空区、未充填满空区、盲空区等，防止采场的局部塌陷导致安全事故。

（3）用地质钻进行采空区探测的钻孔亦可作为矿山地质生产勘探的组成部分，节约部分地质勘探成本，其地质分析结果可指导后续采矿配矿，赋存高品位铜矿、铅锌矿的位置亦是农民盗采形成盲采空区的频发地带，提醒潜孔钻采空区详勘时加密孔网。

（4）潜孔钻采空区探孔与爆破炮孔同时安排，即选择合适位置的爆破炮孔加深到采空区勘探深度，待装药爆破时再回填至爆破炮孔设计深度，既减少采空区生产勘探成本，又可避免钻机频繁调动。

6.3.2.3 采空区钻探施工内容

A 运输道路的钻探分析

规划露天矿山运输道路时，根据已有资料尽量避开危险的采空区和塌陷区，但是由于民采资料收集不全面，如大宝山矿地下已经发现的民窿多达 112 条，大部分民窿没有资料；部分发现的民窿已经封闭，存在严重的安全隐患，不宜进窿实地勘察。民采对一些地质图上没有标识的盲矿体进行开采，留下盲空区，无法根据矿脉进行具体跟踪定位，也无法全部查实。道路下仍然有采空区存在的可能性，所以需要对运输道路进行钻探核实，保证运输道路安全。

按照现场经验及相关资料，对主要运输道路每隔 15~30m 进行钻探，深度为 25~30m；一般情况下，资料显示存在采空区、赋存矿石的区域探孔加密；岩石区探孔较疏，因为岩石区没有采空区，仅有巷道，安全隐患小。

如果钻探孔过程中，发现岩石完整，说明采空区的顶板厚度足以承担挖机、运输汽车等荷载，能够保证道路运输的安全；如果钻探孔过程中，发现岩石破碎，说明原有采空区（假如有）已经塌陷满，该塌陷区进一步往下塌陷时，路面往往有比较明显的征兆，如开裂、沉降等现象，可察觉。

考虑到道路使用寿命较长，需要对重点怀疑区域或者采空区顶板厚度大于保安层厚度的区域道路钻探孔进行补探复核，尤其是钻探时岩石比较完整时，需要排除爆破振动、雨水侵蚀等导致采空区顶板冒顶、片落致使保安层厚度逐渐变薄，最终导致运输安全事故发生。如原来已经钻探了 25m 的探孔，1 个月后对该炮孔进行加深补钻核实，仍然是整体岩石，则说明安全；如果发现 25m 深的钻探孔变成了穿孔，则说明长期的爆破振动、雨水侵蚀等导致采空区顶板冒顶、片落，道路运输存在安全隐患，当采空区顶板厚度小于保安层厚度需要进行采空区处理。另外，钻探孔与钻探孔之间，可能存在小的空洞或者井巷没有探明，但考虑到其周边密实，一般不会引起较大面积的、较深的塌陷，仅会出现局部开裂等现象，不足以影响运输道路的整体安全。

B　工作平台的钻探分析

工作平台的钻爆挖运施工，按照"有疑必探、先探后进"的原则进行采剥作业。根据地质资料和采空区资料，重点关注出产铅锌矿、高品位铜矿的区域（无论民采还是大宝山矿的井采，主要针对铅锌矿、高品位铜矿进行开采留下采空区，其他位置的矿岩没有地下开采价值，自然不会留下采空区）和采空区资料反应的危险区域（目前已经收集了 90% 以上的采空区资料，基本可以指导露天开采的安全施工，没探明的民采采空区较小，一般不会引起大的安全事故）。

在露天台阶爆破作业过程中，对现有资料提供的重点区域布置较密的超前钻探孔，探明作业区域下部已知与未知采空区。根据钻探情况，具体问题具体分析，确保钻孔、爆破、挖装、运输等环节的施工安全。

按照开采区域的地质情况，一般情况下要求钻探深度达到 25~30m，这样该作业平台没有爆破前，有足够的顶板厚度，能够保证钻孔、装药、爆破等环节的施工安全，如图 6-4 所示。爆破以后，顶板厚度下降 1 个台阶 12m 的高度，剩下的顶板厚度一般仍然能够承担中小型挖运设备的施工荷载，如图 6-5 所示。

考虑到爆破时的强大的向下的冲击力，如果某采空区漏探，爆后顶板承担荷载的能力很小，则爆破时就会将顶板击穿，如图6-6所示，使采空区填充满，也排除了原浅埋采空区的安全隐患。为了确保安全，要求采空区爆破安排在中午爆破，爆破工程师和安全员联合仔细检查爆区，以便及时发现异常情况，如周边塌陷、地表开裂、爆堆体积和形状异常等，要及时分析确认后续作业安全。采空区挖装作业，待第二天爆破工程师和安全员检查过静置一夜的爆区及周边环境，确认地质环境没有变化后方可下令作业，严禁擅自作业、夜晚作业和恶劣天气作业。

下一台阶钻爆作业时，须进行新一轮采空区钻探，空区顶板厚度合适时再对采空区进行崩落爆破，如图6-7所示，施工时需要复核采空区顶板厚度能够承担采空区崩落爆破的施工荷载。

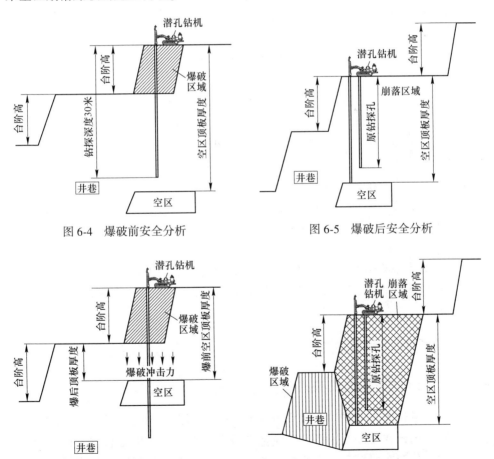

图6-4 爆破前安全分析   图6-5 爆破后安全分析

图6-6 爆破向下冲击力作用分析   图6-7 采空区探明后的崩落爆破

采空区附近进行挖运作业，需要限制人员设备投入量，一个工作面不得多于两台挖机，且间隔大于 25m，运输汽车不得排队积压等候，限制现场作业和管理人员数量。采空区挖运作业安排在白天进行，建立起定时巡查制度，以便及时发现危险征兆。采空区挖运作业平台，必须安排现场调度或者安全员监守，发现地表开裂、下沉、滑坡等现象，及时汇报，确保有作业就有人员监守。采空区挖运作业前，汽车和挖掘机司机均须定员定岗，且经过专业技术人员的安全技术交底；作业开始前再由现场监守调度和安全员组织召开班前会，重申施工中的注意事项。

6.3.2.4　采空区钻探经验总结

地采转露天复采施工过程中，采空区勘探的原则是"有疑必探，先探后进"，保证采场作业面的安全稳定。经过多年的施工，总结如下经验教训：

（1）本着"有疑必探，先探后进"的原则，且一次爆破规模不宜太大，确保施工到采空区顶板的外围时就能钻探到该采空区，可再根据具体情况进一步探明，避免盲目在大跨度采空区顶板中间区域作业，空区顶板中央往往是最危险的。

（2）采空区的钻探深度，可以按照保安层厚度确定，也可以按照采空区上部的顶板垮塌后能否基本将采空区垮塌满计算（松散系数 1.5），即采空区垮塌落差不足以引起安全事故。根据经验，大宝山矿 15m 左右高的采空区，可以探 25m 深，是关注的重点；6~8m 的采空区，可以待采空区顶板厚接近 11~12m 的时候再探，即使垮塌也无风险。

（3）当因岩石破碎等原因，在上一台阶不能钻探到设计深度时，可在下一台阶挖装作业时边挖装推进边探测，始终确保挖掘机的着力点是安全的，往往称"边探边进"。

（4）为了采空区的三维激光扫描，探孔直径需要大于扫描仪探头直径的 1.5 倍，且最好是垂直孔，以便扫描探头能够通过该采空区顶板穿孔下放到采空区内。

6.3.3　特殊空区的探测分析

6.3.3.1　塌陷区的超前勘探施工

一些地采转露天复采矿山，采场经历了多次大塌方，可以推断大部分采空区已经坍塌，因此在布设勘探孔时，应把着重点放在采空区中心和空区边缘地带。采空区中心位置布置探孔，主要是核实空区是否存在，是否因自然崩塌而充填，确定微观露天采场作业条件是否具备；采空区边缘地带布置探孔，主要核实空区是否塌满，是否存在次生空区。

　　勘探孔设计孔深应根据采空区跨度来设计，空区跨度越大则越要超前探测，则设计的钻探孔越深。钻探孔孔位设计以后，由测量人员现场精确放样后，再进行钻探孔施工，同时做好钻探过程的记录。一般可采用超前垂直孔勘探（见图6-8）和超前倾斜孔勘探（见图6-9）两种方法。

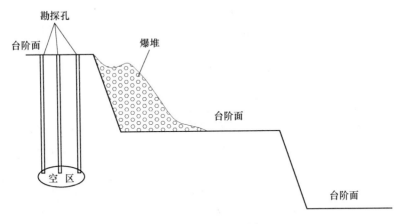

图 6-8　超前垂直孔勘探

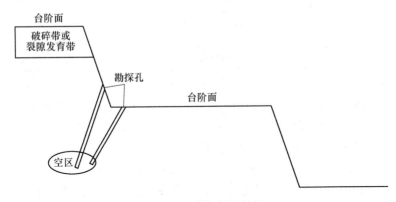

图 6-9　超前倾斜孔勘探

　　塌陷区的采空区勘探施工，首先在存在采空区的工作平台的上一个台阶布设超前勘探孔，如果因上部虚碴过厚或裂隙发育，垂直勘探孔无法正常钻进采空区，但依据原有资料，下部确存在多层空区，为确保安全，在台阶边坡上或在工作台阶上打倾斜孔，依据探测情况及时调整处理方案；若因地质条件差，岩层裂隙发育，超前垂直和倾斜勘探孔均无法钻探至设计孔深，则应在台阶推进过程中，根据实际情况每隔一定距离布设勘探孔，采用边探测边挖运作业，在露天剥采施工中采用此法取得了一定成效。采空区钻探过程中，施工员应全程监控，对钻进情况编录，发现空区或疑似空区，应实测空区深度后报现场主管及技术主管，在钻孔作业时，必须有专人观察周围岩层的动态，发现异常，立即撤离。

6.3.3.2　盲空区探测

地采转露天复采矿山，往往还存在盲空区。以广东省大宝山矿为例，根据2008年物探资料，包括高密度电法勘探法和地震勘探法的成果图，在大宝山矿探矿勘察线 0~0$_{2S}$ 间中心坐标（71488.9，16813.6）和探矿勘察线 2~2$_2$ 间中心坐标（71509.0，16767.6）存在物探采空区，分布于不同层面，系复杂的错层空区群，如表6-1所示。该处目前开采至709层面，已接近物探采空区，需要探明才能确保后续露天剥采施工安全。

表6-1　物探异常点带标高特征值统计表

物探异常编号	水平位置	标高范围 /m	最低点对应位置		最高点对应位置	
			线号	平距/m	线号	平距/m
680-5	大宝山矿探矿勘察线 0~0$_{2S}$ 间，中心坐标（71488.9，16813.6）	666~683	D1	1143	D1	1150
670-5		666~683	D1	1144	D1	1150
650-2		640~660	10-1~10-2	160	10-1~10-2	160
690-4	大宝山矿探矿勘察线 2~2$_2$ 间，中心坐标（71509.0，16767.6）	674~692	D1	1105	D1	1085
680-4		675~691	D1	1088	D1	1088
660-1		640~667	11-1~11-2	80	11-1~11-2	87
650-1		640~667	11-1~11-2	80	11-1~11-2	87

注：上述"10-1~10-2"为高密度电法勘察线编号，"D1"为地震勘察线编号，其余类推。

考虑到该处系民采区域，没有任何井下开采资料，地质储矿分布亦不清楚，只是知道民采在该处采出不少铅锌矿和铜硫矿。为了确保上部露天铁矿开采的安全，组织了钻探施工，进行该物探空区的综合钻探分析。

表6-1中存在物探空区群的两处共钻了10个潜孔钻空区勘探孔。探矿勘察线 0~0$_{2S}$ 间物探空区，潜孔钻探孔钻至19m深遇空区，后加一根3m钻杆，几乎直接杵进3m深，终孔时22m；钻杆拔出后用测绳复测，孔深变为20m，说明最后钻进的3m呈稀泥质（分析是废弃井下采场充填了淤泥），钻杆拔出后孔即闭合；附近补钻，皆钻至13~15m处遇到韧性的高岭土层，潜孔钻无法继续钻进。探矿勘察线 2~2$_2$ 间物探空区，皆钻至10m深处遇到韧性的高岭土层，潜孔钻无法继续钻进。

潜孔钻勘探地质情况与大宝山矿矿床分层情况吻合，上部风化淋滤型褐铁矿床（正在进行露天开采），下部火山沉—热改造型层状铜铅锌多金属矿床，中间夹高岭土质沉积层（系中统东岗岭上亚组沉凝灰岩、黏土岩，该层成岩作用差，风化强烈，风化后呈土状，具有塑性和硬塑性）。潜孔钻勘探探明，勘察线 0~0$_{2S}$ 间存在空区，与物探比较吻合；勘察线 2~2$_2$ 间地质分层，可能是物探空区的误判；但从矿床分布情况看，高岭土质沉积夹层下部往往存在铜铅锌多金属矿床，农民盗采形成空区的可能性极大，需要加大钻探深度进行核实。

考虑到潜孔钻勘探的深度有限，大宝山矿生产部对该处的物探空区进行了地质钻钻探分析，发现地质十分复杂的情况下，物探异常（即物探解释图中的空区，简称物探空区）可能是地质变化、采空区等不同情况导致，且物探异常的埋深判别存在误差，但物探可以从宏观上锁定存在空区的可疑区域，使钻探分析更有目的性，大大减小钻探分析的工作量。

地采转露天复采矿山，盲空区的精准探测、探明显得尤其重要，安全生产事故往往都是"意外"造成的，其影响着露天复采施工的安全。关于盲空区的探测，总结经验教训如下：

（1）在区内应用电法、地震波法探测采空区均有较好的效果。相比较而言，电法异常直观，工作效率较高，受制约的条件相对较少；地震法工作效率较低，受现场制约的条件较多，如现场场地平整情况、地表土的密实度、来回车辆及现场施工机械振动等干扰。

（2）电法只能从"高阻异常"来识别空区，当空区塌陷或被水充填时，则成为电法的盲区。地震方法则不同，在一定深度范围内，不管空区是否塌陷或被水充填，均存在波阻抗差异，应用地震反射波法也具有较好的勘查效果。

（3）本区开展以物探方法为手段探测采空区时，建议应用电法为主要探测手段，在局部地段根据电法结果及现场条件开展适量地震法勘探工作，这样既可以达到较好勘探效果，又可以节省时间及费用。

（4）建议布置适量钻探工作量对物探发现的采空区异常进行验证，并在矿山采剥作业的过程中进行钻探分析确认工作平台的安全、探明采空区异常并合理处理探明空区。

6.4 采空区的三维扫描

C-ALS（Cavity Auto-scanning Laser System，译为：空区自动激光扫描系统）是英国 MDL 公司生产的一套用于地下空区激光三维探测的先进设备。钻探发现采空区后，立即安排采空区的三维扫描，确定其位置、大小、埋深等。

6.4.1 采空区探测扫描分析施工步骤

借助空区自动激光扫描系统可以描绘出采空区的三维形状，以便针对具体采空区进行崩落爆破处理的方案设计，排除隐患。采空区三维激光扫描后，得到描述采空区位置和形状的点云图，可以对该点云图进行平面投影落到采场平面图上，亦可切剖面看不同位置采空区的剖面形状，反应采空区高度和埋深等参数。

露天采场采剥作业施工过程中，无论地质钻深勘还是潜孔钻生产勘探发现的采空区均可通过钻探采空区的穿孔（穿透采空区顶板的探孔，孔径一般需要大于90mm）进行采空区三维激光扫描，其主要步骤如下：

（1）连接探头。将主电缆线连接探头的一端，从加长件的钻孔延伸杆连接头处穿入，从连接销端穿出，连接到探头上。

（2）连接加长件 C-ALS 和探头。将加长件连接到 C-ALS 探头上，具体操作为：对准两个连接销，加上覆盖部分，然后紧固两个黄铜紧固螺母（一个在加长件上，另一个在探头上），即可将加长件连接到 C-ALS 探头上如图 6-10 所示。

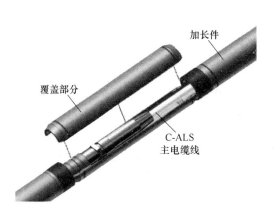

图 6-10　C-ALS 探头连接

（3）连接地面装置。接下来将主电缆线的另一端连接到地面装置上。该地面装置的左侧有三个连接到所附电缆的端口，它们的用途分别为：直接连接到探头的 C-ALS 主数据传输和电源电缆，连接到运行 C-ALS 控制软件的笔记本电脑的以太网电缆（也可采用无线通讯的方式）和用于内部电池充电或连接外部电源的电源连接。

（4）向系统供电。完成上述 1~3 步后便可向系统供电，C-ALS 可从地面装置的内部电池组、外部直流电源或交流电源获取电能。连接完系统元件后，打开地面装置的电源开关，探头就会通过旋转扫描头记录编码器零点标志的方式进行初始化。在这一开始阶段应确保探头的水平和垂直轴能够自由旋转，从而避免外界对扫描头的水平枢轴和垂直枢轴产生过大的张力而损坏仪器。

（5）配置钻孔跟踪杆。钻孔跟踪杆的间距为 1m，装于相应的钻孔跟踪杆架中。玻璃纤维材料的钻孔跟踪杆的设计具有较好的灵活可动性，探杆之间的铰链保证探头不会从其原始位置发生横向扭曲，从而能够为系统提供精确、稳定的方位角。

（6）跟踪钻孔。用网线（黄色）将地面装置和笔记本电脑连在一起，一旦网络得到确认，即可启动 C-ALS 控制软件。钻孔跟踪时需要预先测量或者设定探孔孔位及三维扫描仪的方位角（用于采空区的定位），钻孔口坐标及探杆架方位角确定并输入以后，下放探头如图 6-11 所示，同时可通过视频输出窗口查看探孔周边情况，如图 6-12 所示。

图 6-11 下放探头就位

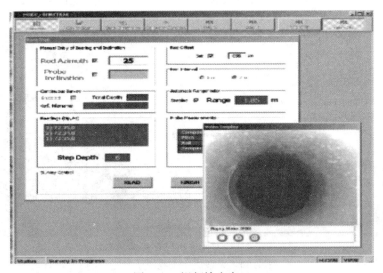

图 6-12 视频输出窗口

（7）扫描空区。钻孔跟踪发现探头进入空区 1~2m 以后，固定好孔口的钻孔跟踪杆，防止空区扫描时错动和滑动，并可开始进行扫描设置和空区扫描。扫描类型包括仅水平切片扫描、水平扫描或垂直扫描，连续扫描行之间的增量可在增量数值中输入。如图 6-13 所示，左图为水平扫描轨迹，右图为垂直扫描轨迹，采空区三维扫描原理和过程如图 6-14 所示。

（8）回收仪器。扫描完成后，点击信息框上的"确定"按钮。数秒钟后扫描头将返回到准备收回的停留位置。在状态栏显示探头扫描停止确认后才能关闭控制软件，收回探头。

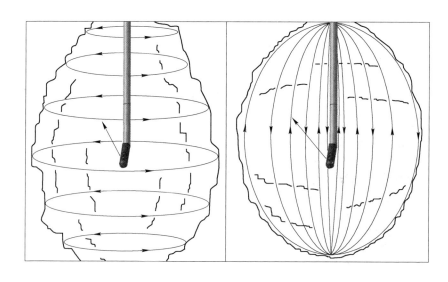

图 6-13 水平扫描轨迹（左）和垂直扫描轨迹（右）

图 6-14 采空区三维扫描示意图

6.4.2 空区扫描数据分析

空区扫描以后，利用 Modelace 软件对扫描所得的激光点云数据进行处理，描绘出空区的形状、位置、埋深等，以便针对具体采空区进行崩落爆破处理的方案设计，排除隐患。例如大宝山矿 730-3#空区，共布置了三个钻探孔，其中有两个钻探孔钻到采空区，并通过透孔进行了空区扫描，透孔方位和深度、空区扫描方位角等参数见表 6-2 所示。通过上述两个穿透采空区顶板的钻探孔，分别对该采空区进行了三维激光扫描，具体扫描信息见表 6-3 所示。

表 6-2 两个透孔的参数

空区钻探 透孔信息		X 坐标/m	Y 坐标/m	Z 坐标/m	探孔位置 顶板厚度/m	空区扫描 方位角
透孔 1	孔口	18274.961	71168.833	768.399	31	282.7
	杆尾	18274.547	71170.666	768.434		
透孔 2	孔口	18271.462	71169.602	768.523	31.5	280.3
	杆尾	18271.051	71171.861	768.378		

表 6-3 730-3 号空区三维扫描信息

透孔编号	面积/m²	体积/m³	孔口对应位置空区高度/m	备注
透孔 1	78	616	3.08	通过两个透孔获得的扫描数据基本一致,说明扫描获得的空区信息完整
透孔 2	78	600	2.8	
合成	79	620		

将通过两个透孔所获得的扫描数据合并,得到如图 6-15 所示的描述空区位置和形状的点云图,可以将该点云图的平面投影落到采场平面图上,也可切剖面看不同位置空区的剖面形状,反应空区高度和保安层厚度等参数,为后续采空区顶板的稳定性分析和崩落爆破处理奠定了基础。

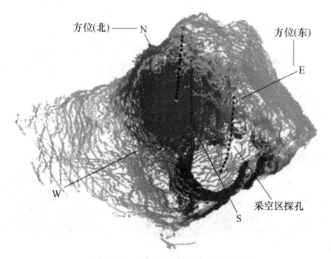

图 6-15 采空区激光扫描点云图

6.4.3 采空区探测扫描分析注意要点

采空区的三维扫描分析是采空区顶板稳定性分析和崩落爆破处理的前提基

础，一定要确保探测数据的准确性和完整性，主要注意如下几点：

（1）如果采空区中存在积水，则扫描获得的采空区点云图的底部无数据，且数据遗失点形成一个闭合区域，往往在同一水平上开始遗失数据。

（2）如果扫描的点云图存在因矿柱遮挡或采空区拐弯导致漏扫区域（非同一水平高度开始遗失数据），则无法一次扫描完整个采空区，需要在漏扫位置再钻扫描孔二次扫描，直到采空区扫描获得的点云图闭合。

（3）如果扫描的采空区的跨度特别大，可能导致超出量程或者采空区远端的点云稀疏，需要多位置下放探头扫描，最后合成整体点云图。

6.5　采空区的精准探测原则和方法

地采转露天复采矿山开采施工过程中，需要对采场遗留的采空区进行超前勘探，本着"有疑必探、先探后进"或者"有疑必探、边探边进"的原则，来保障矿山剥离和采矿施工的安全。

经过上述关于物探、钻探和三维扫描的研究分析，总结出采空区精准探测的方法——"物探定方向，钻探来核实，三维扫描来探明"的三步法，三者联合使用，由粗到细逐步细化，最终实现空区的探明，如图 6-16 所示。

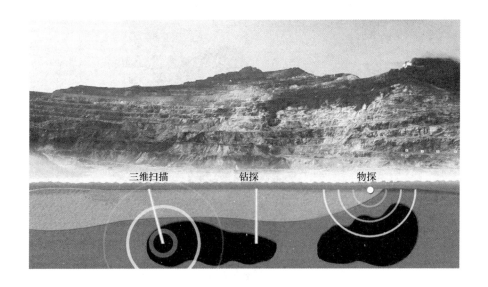

图 6-16　采空区探测方法与步骤

实践证明，综合采用物探、钻探和三维扫描的方式，三者优势互补，可实现各种空区的探测和探明，包括盲空区，为后续采空区处理奠定技术基础，亦为采场剥采作业的生产安全提供可靠保障。

6.6 本章小结

（1）针对地采转露天复采矿山采场遗留空区的特点，需要综合分析并对比各种物探和钻探手段，选择经济适用的物探和钻探手段分别进行空区探测，包括矿区规模的物探和局部区域的钻探，确认空区存在后再进行三维扫描，获得采空区位置和形状的点云图，为后续采空区崩落爆破处理提供设计资料，总结为"物探定方向，钻探来核实，三维扫描来探明"三步法。

（2）采空区钻探，宜用地质钻和潜孔钻进行联合钻探，地质钻深勘探测大采空区和采空区群，防止大塌方事故的发生；用移动方便的潜孔钻进行采空区的生产勘探，主要针对小采空区、次生采空区、未充填满空区、盲空区等，防止采场局部塌陷。

（3）关于没有井采资料的盲空区，宜首先采用多种物探手段进行宏观的综合分析，确立存在空区的可疑区域；再通过不同深度和孔网密度的探孔进行空区的钻探分析和物探空区的钻探确认，探明盲空区的具体位置和形状并合理处置，才能确保采矿施工安全。

（4）实践表明，露天复采过程中，坚持"有疑必探、先探后进"的原则进行采空区钻探，对钻探到的采空区进行三维激光扫描确定空区规模、埋深、方位后再崩落爆破处理，能够将采矿施工的安全隐患可控化，为地采转露天复采回收矿产资源保驾护航，实现危机矿山的转型升级。

7 采场遗留空区的稳定性分析

7.1 采空区稳定性分析的意义

大规模地采转露天复采施工前，对大型隐患空区进行了集中治理，实现了宏观露天采矿环境再造。但是，仍有不少遗留空区，随着露天开采层面的下降，遗留空区顶板变薄，亦有可能导致生产过程中一些单个采空区或小范围空区群顶板的突然失稳垮落，特别是金属矿山，矿体及周边岩体普氏系数较大，岩体表现为脆性，抗拉、抗剪能力弱，裂隙导通更加容易。露天复采生产过程中采空区突然垮落将严重威胁到露天开采施工的安全性。这种灾害属于突发性，会带来人员伤亡和经济损失。

针对单一采空区稳定性的研究，已有许多学者采用理论分析、相似材料实验、数值模拟、工程类比等方法开展了大量的工作，并形成了许多理论和方法，如砌体梁理论法、荷载传递线交汇法、厚跨比法、剪切强度估算法、结构梁与板块理论法、普氏拱理论法等，给采空区稳定性判别提供了一定的理论指导。然而，由于矿区地质条件的特殊性以及采空区情况的复杂性，不能简单照搬原有的采空区稳定性经验判定。

对于小范围空区群，由于问题的极度复杂性，相应的研究资料很少见于报道。地下空区群主要是由于大规模或长时间地下资源开采而形成的，有着复杂分布形态的地下空间，主要形成于矿山普遍采用的留矿采矿法、空场采矿法以及至今仍普遍存在的民采活动。随着时间的推移，这些采空区群不断地表现出其固有的安全隐患。空区群的破坏有着明显不同于单个空区破坏的特点，在破坏中多伴随着多米诺骨牌效应，破坏范围大、频度高，严重影响矿山的生产安全。

综上所述，在矿区宏观地质灾害总体可控的前提下，仍需对探测到的采空区（包括单一采空区和小范围空区群）进行稳定性分析，进一步评估分析采场遗留采空区的负面影响范围及大小，从而合理预防和预警采空区可能诱发的矿山地质灾害，所获得的数据也是指导采空区处理、设计与施工以及露天矿山生产组织的重要依据，为采空区崩落爆破施工和露天复采作业提供了安全的保障。

7.2 采空区稳定性影响因素分析

要进行采空区稳定性分析，首先需要识别采空区稳定性的影响因素。采空区稳定性的影响因素，包括自然因素和工程因素，其中自然因素包括地质因素和水文因素，如图 7-1 所示。采空区稳定性的评价分析，首先需要识别和收集影响采空区稳定性的自然因素，从而明确采空区稳定性分析的各工程因素，才能具体问题具体分析，最终实现采空区的稳定性评价与分析。

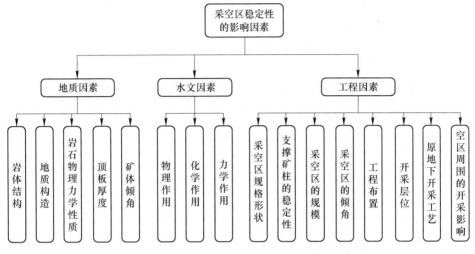

图 7-1 采空区稳定性的影响因素

7.2.1 地质因素

影响采空区稳定的地质因素各不相同，综合分析主要的几个因素如下：

（1）岩体结构。岩体结构由结构面和结构体两个要素组成，是反映岩体工程地质特征的最根本因素，不仅影响岩体的内在特性，而且影响岩体的物理力学性质及其受力变形的全过程。结构面和结构体的特性决定了岩体结构特性，也决定了岩体的结构类型。工程岩体的稳定性主要取决于结构面的性质及其空间组合和结构体的性质等。一般情况下，如果岩体的结构比较完整，构造变动小，节理裂隙发育弱，岩体的强度高，则围岩相对稳固，采空区的安全稳定性好，危险程度低；反之，岩体复杂的破碎岩层，如果其构造变动强烈，构造影响严重，接触和挤压破碎带、节理、劈理等均发育，结构面组数多、密度大且彼此相互交切，则采空区的安全稳定性就差。

（2）地质构造。在复杂的地质构造带下开采，如褶皱、岩脉、断层以及岩层的突变等，在其上部或周边影响区域进行露采作业，很可能诱发采空区垮塌，危险度较高。特别是向斜的轴部岩层存在较大的地应力，聚集有大量的弹性变形能，一旦开挖或开采以后，若形成的采空区没有能够及时得到处理，该部位就存在极大的危险性。

（3）岩石物理力学性质。岩石的物理力学性质对采空区顶板稳定性起着重要作用。在多数的岩体工程的稳定性分析中，一个重要的影响因素便是岩石的物理力学性质。当岩石呈厚层块状、质纯、强度高时，并且岩石的走向与采空区轴线正交或斜交，倾角平缓，对空区稳定性有利；反之，对空区稳定性不利。

当采空区顶板和支座处岩层比较完整，层理较厚、强度较高而洞跨较大时，结构力学近似评价法认为岩石的抗拉强度对顶板稳定性起主要作用。但当采空区顶板岩石节理裂隙发育时，对稳定性起作用的不再是完整岩石的强度，而应当是节理或破损岩体的抗拉强度。

（4）顶板厚度。顶板越厚，越不容易发生离层破坏或悬臂梁折断破坏。为便于量化，可以根据顶板厚度与跨度的比值，将顶板厚度划分三档，即：薄顶板，中厚顶板，厚顶板。采空区顶板厚跨比是初步判别采空区安全稳定性的重要指标之一，采空区顶板厚跨比越大往往该采空区越稳定。

（5）矿体倾角。矿体倾角对顶板破坏和破坏模式的影响规律是倾角越大，顶板越不易破坏；倾角越小，则易发生拱形冒落；横向切割顶板的结构面较纵向切割顶板的结构面更容易引起顶板楔形垮冒。

7.2.2　水文因素

地下水是一种重要的地质应力，它与岩土体之间的相互作用，一方面改变着岩土体的物理、化学及力学性质，另一方面也改变着地下水自身的物理、力学性质及化学组分。运动着的地下水对岩土体产生三种作用，即物理作用、化学作用和力学作用，地下水与岩土体相互作用的结果影响着岩土体的变形性和强度。地下水对岩（土）体稳定性的影响，可以归纳为以下几个方面：

（1）物理作用。润滑作用使不连续面上（如未固结的沉积物及土壤的颗粒表面或坚硬岩石中的裂隙面、节理面和断层面等结构面）的摩阻力减小和作用在不连续面上的剪应力效应增强，结果沿不连续面诱发岩土体的剪切运动。地下水对岩土体产生的润滑作用反映在力学上，就是使岩土体的摩擦角减小。

（2）化学作用。地下水的化学作用主要是通过地下水与岩土体之间的离子交换、溶解作用、水化作用、水解作用、溶蚀作用、氧化还原作用、沉淀作用等。离子交换主要使天然地下水软化或使黏土增加孔隙度及渗透性能。地下水与岩土体之间的离子交换使得岩土体的结构改变，从而影响岩土体的力学性质。能够进行离子交换的物质是黏土矿物，如高岭土、蒙脱土等。溶解和溶蚀作用的结果使岩体产生溶蚀裂隙、溶蚀空隙及溶洞等，增大了岩体的空隙率及渗透性，众所周知的黄土湿陷问题就是由此引起。水化作用使岩石的结构发生微观、细观及宏观的改变，减小岩土体的内聚力。水解作用一方面改变着地下水的 pH 值，另一方面也使岩土体物质发生改变，从而影响岩土体的力学性质。地下水与岩土体之间发生的氧化还原作用，既改变着岩土体中的矿物组成，又改变着地下水的化学组分及侵蚀性，从而影响岩土体的力学特性。地下水对岩土体产生的各种化学作用大多是同时进行的，地下水的化学作用主要通过改变岩土体的矿物组成、结构性，从而改变岩土体的力学性能。

（3）力学作用。地下水对岩土体的力学作用主要通过空隙静水压力和空隙动水压力作用对岩土体的力学性质施加影响。前者减小岩土体的有效应力而降低岩土体的强度，在裂隙岩体中的空隙静水压力可使裂隙产生扩容变形；后者对岩土体产生切向的推力以降低岩土体的抗剪强度。地下水在松散土体、松散破碎岩体及软弱夹层中运动时，对土颗粒施加一体积力，在空隙动水压力的作用下可使岩土体中的细颗粒物质产生移动，甚至被携出岩土体之外，产生潜蚀而使岩土体破坏，这就是管涌现象；在岩体裂隙或断层中的地下水对裂隙壁施加两种力，一是垂直于裂隙壁的空隙静水压力（面力），该力使裂隙产生垂向变形；二是平行于裂隙壁的空隙动水压力（面力），该力使裂隙产生切向变形。

矿区采空区本身虽然无地下水，地表水渗透至空区，经巷道外流，空区无积水。但是，全年降雨量丰富。由于受地下开采活动的影响，中部矿区塌陷，边坡变形开裂，使地表水渗入加大，地表水经中部空区和巷道，流入遗留采空区。尤其是雨季地下水的径流和渗透，通过从物理、化学、力学等作用破坏了岩体承载性能，可能加大采空区垮塌的危险性。

7.2.3 工程因素

影响采空区稳定的工程因素包括：

（1）采空区规格形状。岩体开挖打破了岩体中原始应力平衡状态，在其周围的一定范围的岩体中发生应力的重新分布。这种应力的重新分布与岩体工程的规格形状有着密切的关系。采空区规格形状直接影响空区顶板的安全，理论分析和工程实践均已表明，采空区暴露面积越大，稳定性越差。非圆形空区的应力重新分布不均匀程度高，一旦某些部位的应力值达到或超过围岩的抗压或抗拉强度极限值时，采空区就处于安全的临界或失稳，此时采空区的各种灾害极易发生。拱形采空区安全性优于矩形采空区，而且采空区顶板越平整，安全性越好。

（2）支撑矿柱的稳定性。在采用矿柱支撑法管理顶板时，矿柱的稳定性是至关重要的。岩层的变形和破坏是从直接顶开始，自下而上扩散，破坏时，直接顶最下部岩层的碎胀性最大。因此，基本顶和所有上覆层的下沉量一般都比采空区的高度要小。这样，在很长一段时间内，在矿柱内部，尤其是矿柱边缘区存在着较大的集中应力。如果矿柱边缘区因应力过大而导致其破坏，岩层的两帮会失去支撑，将会引起应力调整而使裂隙带的高度继续增大，从而导致支撑压力向矿柱深部发展，同时会引起该悬臂跨度的增大。若矿柱根本不足以承受覆岩的压力，在一段时间内，矿柱将被压垮导致空区垮塌。

（3）空区的规模。采空区的大小是采空区塌陷高度的决定性因素之一，对地下开采转露天开采安全有重要影响。一旦采空区出现塌陷，上覆岩层将充填采空区，采空区的塌陷高度将由采空区的体积决定。采空区的体积越大，塌陷的范围就越大。随着空区高度的增加，采空区矿柱的承压强度逐渐降低，直接影响采空区顶板和上覆岩土体的稳定性。

（4）采空区的倾角。倾角的增大，会使地表的水平位移增加，出现地表裂缝的可能性增加，地基出现不均匀沉降的可能性增加；倾斜采空区使上覆岩土的应力分布更加趋于复杂，造成采空区及其以上部分的位置不对称，尤其对主要影响角的影响较大。同时，倾角较大的采空区会使上部岩土体中的裂隙和节理更加发育。

（5）工程布置。力学分析及采空区灾害的实际表明，同样规格形状的岩体工程如果长轴方向与主应力方向的夹角不同，采空区的安全稳定性程度就不一样。当采空区的长轴方向与最大主应力方向一致时，应力的集中与破坏程度较小，采空区的安全稳定性较好；而当采空区的长轴方向与最大主应力方向垂直时，应力的集中与破坏程度较大，采空区的危险程度就较高。

（6）开采层位。上覆岩土体质量的优劣直接影响着岩土体的变形特性和变形量的大小，岩石质量越好，采空区的安全稳定性就越好。同一区域内作用附加荷载时，随着荷载的增大，地表的变形值愈来愈大，荷载对地表的影响程度愈来愈大。

（7）原地下开采工艺。充填采矿法由于减小了采空区暴露空间、改善了矿柱受力状态，因此采空区稳定性优于其他采矿方法；回采顺序也对采空区施加重大影响，垂直方向上，工作面呈"品"字形推进，有利于形成免压拱，因而有利于顶板安全管理。

（8）采空区周围的开采影响。根据岩体力学理论，如果在6倍采空区跨度周围存在其他作业采场，那么应力会重新分布，采空区的围岩将出现应力叠加，造成应力集中，从而影响采空区的稳定性。众多采空区工程影响因素并不是单独存在的，而是相互影响制约的，但最终都是影响采空区上覆岩层或者空区矿柱的岩体承载性能。

总之，采空区稳定分析的前提是空区相关资料收集的齐全性和准确性。除了矿山水文地质资料、地下开采资料，还要注重收集空区探测过程和剥采施工现场的地质资料，以便全面分析空区及其影响区域的安全稳定性，为采空区治理和露采施工安全奠定基础。

7.3 采空区稳定性的评价分析方法

采空区顶板失稳的发生与水文地质因素、采空区的几何参数、埋藏深度、采空区的支撑矿柱以及开挖条件等密切相关。在不同的工程应用中，各因素的重要性也各不相同。

根据资料统计结果，并结合已有采空区灾害的实例和地下工程稳定性的研究成果，总结分析地采转露天复采矿山地下遗留采空区的特点，认为采空区稳定性评价方法及流程如图7-2所示，包括用于日常简单判别的采空区稳定性静态分析与动态判别和用于精细定量分析的采空区稳定性数值模拟分析。

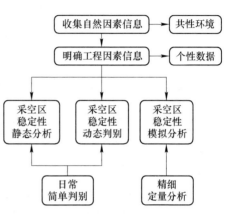

图 7-2 采空区稳定性评价方法及流程图

7.3.1 采空区稳定性的静态分析

在多空区矿山的露天开采过程中，评估采空区的稳定性对保证矿区安全作业至关重要，通过理论分析得出的相关数据是采矿过程中制定相应安全规程，进行进一步安全评估和安全治理的依据。考虑到大宝山矿区采空区复杂，生产任务重，薄板法、折减法等涉及因数较多的理论评判方式使用受到限制。采用根据厚跨比理论的计算方法更加利于前期初步的安全评价，即安全隔离层厚度与采空区的跨度之比要求大于或等于0.5，可得到不同的安全隔离层厚度与采空区跨度之间的对应关系。引入安全系数k，可得到不同安全条件下的采空区跨度与安全隔离层厚度之间的关系，其计算公式如下：

$$h/(k/L_n) \geqslant 0.5$$

式中　h——顶板最小安全隔离层厚度，m；

L_n——采空区跨度，m；

k——安全系数，通常取 1.15~1.30。

生产过程中遇到采空区都要通过上述安全性评价。安全系数 k 一般取最大值，如果空区安全稳定性得到保障，可正常组织施工，空区治理选择合适时机；如果评价安全系数未到安全比例，则立即停止一切施工活动；如果评判安全比例显示安全，但安全冗余不大，则暂停施工，通过更加直观准确的数值模拟进一步分析。

7.3.2　采空区稳定性的动态判别

生产施工过程中，采空区的稳定性评判是一个复杂的问题，特别是在安全生产兼顾的前提下决定了评判过程要准确又要易于操作。通过上述静态评判，初步可以判定采空区的暂时稳定性，据此初步确定空区处理方案，合理指导现场生产组织；考虑到现场施工组织的顺畅性需要以及空区治理难度的制约，有些空区不宜立即处理，可暂时简单封闭空区及其周边影响区域。

考虑采空区本身是动态变化的，因此动态评判空区稳定性是必要的，特别是采空区稳定性好，露天生产组织时需要该处作为作业面的情况。动态判别实现是依靠每天的位移观测完成，经过对位移观测数据的处理分析得出岩体的变形速度、加速度等指标，进一步动态跟踪判断采空区稳定性。

在此过程中专门的安全人员的巡视工作要加强，首先是观察地表形态，如是否出现裂缝、是否局部镂空等现象；其次是潜孔钻勘探孔的顶板厚度的跟踪测量，及时收集在爆破、挖运过程中采空区的动态破坏信息。所以，地表形态的观测和勘探空区顶板厚度的变化情况对采空区稳定性的动态评判很关键。

7.3.3　采空区稳定性的模拟分析

在地采转露天复采生产过程中，如果采空区稳定性影响因素繁多、多个空区相互影响关系错综复杂以及空区顶板安全冗余较小但露天生产组织需要该作业面，需要对该类采空区的稳定性进行精细分析和评价。在安全生产的前提下，尽量减少由于采空区隐患防治对日常生产进度带来的负面影响。

例如，空区安全稳定性影响因素复杂时，可能导致采空区在静态判别过程中认定为是安全的，但在动态判定过程中发现异常，这种情况下需要停止采空区相关作业，使用数值模拟的方法进一步判定采空区的稳定性，指导空区影响区域的露采施工工艺选择和空区本身的崩落爆破设计与施工。数值模拟方法能够从总体上判断采空区周围岩石的应力分布规律及其变形趋势，对采空区稳定性进行比较精确的定量分析。

7.4　复杂采空区稳定性的数值模拟

根据大宝山典型特大采空区的具体位置、围岩特性、矿区地应力等已知条件进行三维有限元数值模拟计算分析，以期得到采空区周边围岩的应力分布规律，了解围岩及顶底板的位移变形趋势及采空区变形的影响范围，以便指导该空区附近区域露天开采作业的生产组织。

7.4.1 探明采空区参数

以广东省大宝山矿 576 采空区为例，采空区原为厚大的高硫高铜矿体，整个采空区最大长 130m，呈南北走向，最大宽 70m，高 80m，采场倾角 80°~90°。采空区顶板铜矿基本采完，估计已到断层位置。底板为高硫矿，大部分没有开采，其平面图参见图 7-3。

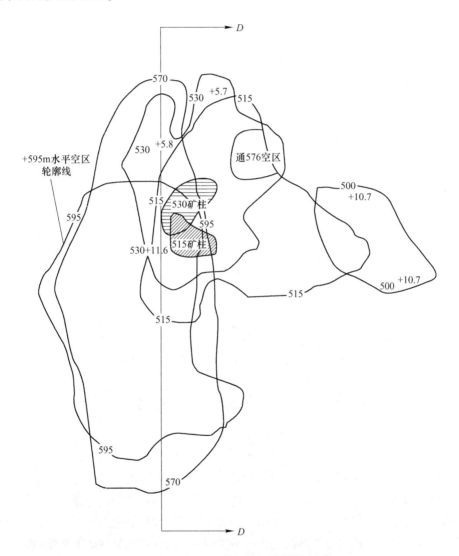

图 7-3　576 空区平面示意图

空区顶板岩层为 D2da，多为灰岩，走向 162°，倾角 72°~82°，岩石节理、裂隙不发育，系数 f = 10~12，其稳定性好。

空区底板为硫矿层，走向 162°，倾向 72°，倾角 20°~45°，硫矿石本身为粉状，细颗粒状结构，系数 $f=6~8$，不够稳固。

空区北部岩层为 D2da，较为稳定，南部为硫矿层，稳定性较差。

本次分析针对 576 采空区进行数值模拟，其空区 D-D 剖面如图 7-4 所示。

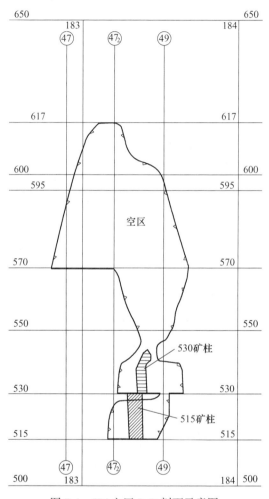

图 7-4　576 空区 D-D 剖面示意图

计算区域内，在一定的应力或位移边界条件下，所形成的应力场在大小和方向上的分布与采空区的几何尺寸、走向、分布和区域内岩体的力学性质及分布状况有关，因而计算区域内岩体的参数及边界条件的确定对计算结果会产生重要的影响。

7.4.2　岩体力学参数

由于受节理、裂隙等复杂因素的影响，岩体力学参数与小块岩石力学参数有很大差别，本研究参考类似岩体情况，取岩体力学参数为岩石力学参数的 15%。
由于矿山没有原岩应力的实测资料，通过现场的调查分析表明，深部巷道水平应
力表现不明显，认为矿区除褶皱轴部外构造应力很小，可不予考虑。计算中的原
岩应力按自重应力场计算，其计算公式为：

$$\sigma_H = \sum_{i=1}^{n} \gamma_i H_i$$

$$\sigma_y = \sigma_x = \lambda \sigma_H = \frac{\mu}{1 - \mu} \sigma_H$$

式中　γ_i——上覆第 i 层岩体密度；

　　　μ——上覆岩体泊松比；

　　　H_i——上覆第 i 层岩体厚度；

　　　σ_H——垂直方向地应力；

　σ_x，σ_y——水平方向地应力。

7.4.3　采空区数值模型的建立

7.4.3.1　基本假设

矿山开采中的岩土工程及其力学结构的复杂性决定了当前尚无法求得岩土工
程问题的精确解，因而只能借助其他方法进行定性分析。数值模拟方法就是一种
能有效地分析和模拟岩土工程受力结构的方法。由于其独特的优越性和工程应用
背景，因而具有一定可靠性和实际应用价值。为便于建模和分析计算，做如下
假设：

（1）开挖矿体的厚度和倾角为固定值。

（2）矿岩体假设为理想弹塑性体，在屈服点以后，随着塑性流动，材料强
度和体积无改变。

（3）矿体和围岩为局部均质、各向同性的材料，塑性流动不改变材料的各
向同性。

（4）考虑到岩石的脆性，分析中涉及的所有物理量均与时间无关。

（5）不考虑应变硬化（或软化）。

考虑到有限元程序的局限性，假设场地内无构造活动的影响，原岩地应力为
大地静力场型，各岩层之间为整合接触，岩层内部为连续介质，由于采矿冲水、
强排水等条件较为复杂，因此模型中不考虑地下水活动的影响。模拟中不考虑岩
层和矿体中的结构面、裂隙和软弱层的存在与影响。

7.4.3.2　载荷及岩体参数

当结构经历大变形时应该考虑到载荷将发生什么变化。在许多情况中，无论

结构如何变形施加在系统中的载荷保持恒定的方向，而在另一些情况中，荷载将改变方向，随着单元方向的改变而变化。ANSYS 程序对这两种情况都可以建模，依赖于所施加的载荷类型。本次计算选定的载荷将不随单元方向变化而改变，始终保持它们最初的方向，表面载荷作用在变形单元表面的法向，且可被用来模拟"跟随"力，大小就是上覆岩体的自重。岩石力学参数如表 7-1 和表 7-2 所示。

表 7-1　单轴抗压试验结果表

矿岩	尺寸 ($d \times h$) /mm×mm	峰值载荷 /kN	抗压强度 /MPa	弹性模量 /GPa	泊松比	质量密度 /g·cm^{-3}
页岩	49.64×102.58	142.72	73.84	19.04	0.29	2.62
磁黄铁矿	49.64×102.58	83.44	44.39	21.06	0.29	4.53
硅化石英砂岩	49.64×102.58	287.33	149.35	29.27	0.27	3.34
硅化岩	49.64×102.58	167.73	62.74	28.80	0.25	2.80
黄铁矿	49.64×102.58	175.86	91.26	25.43	0.23	3.38

表 7-2　矿岩劈裂拉伸试验结果表

矿岩	劈裂拉伸面尺寸 /mm×mm	极限载荷 /kN	抗拉强度 /MPa
页岩	51.88×51.18	21.46	5.43
磁黄铁矿	50.66×49.58	16.04	4.07
硅化石英砂岩	50.16×49.74	32.73	8.33
硅化岩	50.36×49.90	28.22	7.14
黄铁矿	51.00×50.38	25.07	6.29

7.4.3.3　边界条件

为尽可能反映采空区对围岩应力场分布的影响，根据弹塑性力学和岩体力学理论可知，在距采空区五倍远之后，围岩应力与原岩应力基本相等。因此选取分析模型的尺寸大小为五倍采空区大小。计算模型采用边界条件，底部边界采用约束竖向位移，上部边界为自由边界，左右两端边界处采用水平位移约束。

考虑到 576 采空区对侧翼和下部主要运输巷道的影响作用和将来北区开采的客观事实，模型中也需重点考虑空区对下中段主要运输巷道的影响作用及安全开采距离的确定等问题。

7.4.3.4　建立有限元模型

为客观地反映 576 采空区的真实情况，模型形状设定为不规则体，并尽可能与实际情况相类似。参考实测空区图形资料，采空区模型尺寸近似为：长×宽×高＝90m×40m×80m，埋深为：+530m～+616m，上覆岩层厚度为50m，空区正下方有下中段主要运输巷道三条。采空区模型实体模型如图7-5所示，网格划分后的模型如图7-6所示。

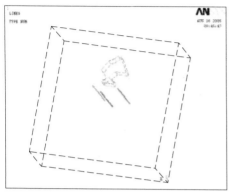

图 7-5 建立的未充填空区实体模型

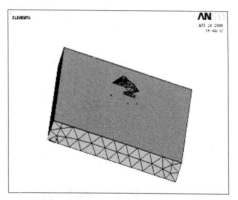

图 7-6 网格划分后的空区实体模型

7.4.4 数值模拟结果及分析

7.4.4.1 采空区模型数值模拟结果

采空区模型数值模拟结果具体见图7-7～图7-21。图7-7～图7-13所表示的为未充填576空区模型的 Von-Misses 等效应力图及第一、第三主应力图。计算机对模型从不同角度进行了较为精确的数值模拟，从图中可以看出，应力分布基本符合实际情况，三条巷道在模拟结果中表现出了应力集中的特征。

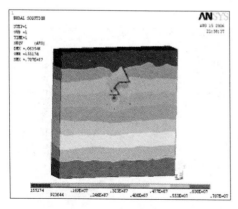

图 7-7 D-D 剖面等效应力图

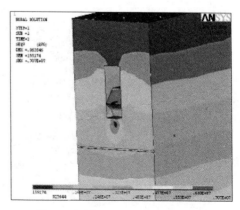

图 7-8 垂直 D-D 剖面等效应力图

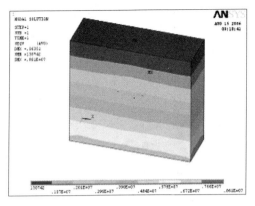

图 7-9　整体 Von-Misses 等效应力图

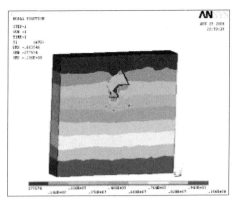

图 7-10　D-D 剖面第一主应力图

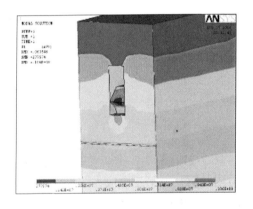

图 7-11　垂直 D-D 剖面第一主应力图

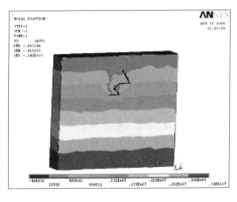

图 7-12　D-D 剖面第三主应力图

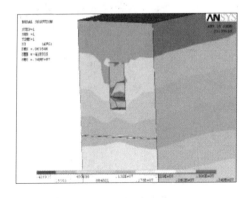

图 7-13　垂直 D-D 剖面第三主应力图

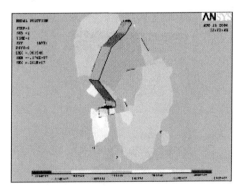

图 7-14　D-D 剖面 XY 方向剪应力图

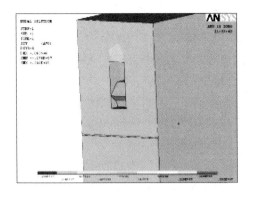

图 7-15　D-D 剖面 XY 方向剪应力图

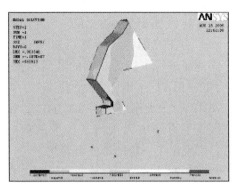

图 7-16　D-D 剖面 XZ 方向剪应力图

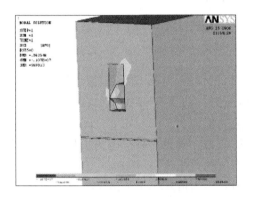

图 7-17　垂直 D-D 剖面 XZ 方向剪应力图

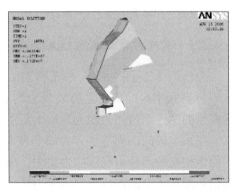

图 7-18　D-D 剖面 YZ 方向剪应力图

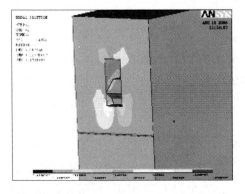

图 7-19　垂直 D-D 剖面 YZ 方向剪应力图

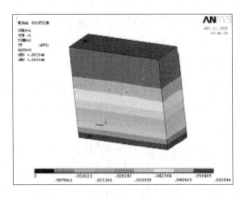

图 7-20　整体位移变形图

图 7-14～图 7-19 所表示的为未充填 576 空区模型的 XY、XZ、YZ 面的剪切应力图。同样，计算机对模型从不同剖面进行了较为精确的数值模拟。从图中可以看出，最大拉应力为 1.76MPa，最大压应力为 2.02MPa，在空区正下方巷道表现出了较大的剪应力，表现出了一定的不安全隐患。

图 7-20 和图 7-21 所表示的为未充填 576 空区模型的位移变形图。从图中可以看出最大位移沉降量为 0.063m，

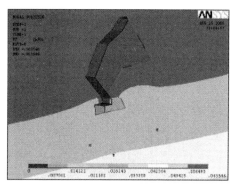

图 7-21　局部位移变形图

基本符合现场实际情况；且沉降段位与边界条件相吻合，验证了本次数值模拟约束条件选择的正确性。

7.4.4.2　未充填空区模拟结果分析

分析图 7-7～图 7-21 对未充填 576 采空区的位移和应力数值模拟结果可知：

（1）采空区的顶板主要表现为均布压应力，约为 0.92MPa 左右。而在采空区两帮的凹进部位则表现为压应力集中，应力值为 3.3～3.4MPa 之间。

在采空区的四周部位，大部分表现为压应力。同时在采空区的顶板与采空区的侧帮相交的部位出现压应力集中，压应力值约为 3.3～3.4MPa 左右。对于凹进部位和侧帮相交的部位表现出应力集中，但其应力值均小于其最大抗压强度。

（2）图 7-14 和图 7-15 给出了采空区 XY 方向剪应力图。从图中可以看出，周边岩体应力分布较为均匀，多为拉应力，大小为 0.077～0.49MPa。局部有压应力存在，但范围很小。而采空区顶板及凸凹之处拉应力集中，大小为 0.497～0.917MPa。另在空区下方的三个巷道在 XY 方向也表现出了相应的应力集中特征，不同的是在空区正下方的巷道剪应力尤其集中，大小为 0.497～0.917MPa。

图 7-16 和图 7-17 给出了采空区 XZ 方向剪应力图。从图中可以看出，空区周边岩体应力分布较为均匀，多为拉应力，大小为 0.162～0.388MPa。空区内部局部地区有压应力存在，范围很小，主要集中在凸凹拐点之处，大小为 0.29～0.74MPa。和 XY 方向应力分布不同的是，远离空区的巷道表现出了压应力的特征。

图 7-18 和图 7-19 给出了采空区 YZ 方向剪应力图。从图中可以看出，空区周边剪应力分布大体表现为拉应力，分布较为均匀，大小为 0.219～0.505MPa。拉应力在空区内部凸凹拐点之处局部较为集中，大小为 1.77MPa，同时亦存在局部地区的压应力，但范围较小。值得注意的是在空区垂直于 D-D 剖面视图上看出，

在空区顶板与侧帮交界处，一侧表现为拉应力，一侧则表现为压应力。

（3）总的来说，经过对 576 采空区的数值模拟分析后得知其压应力、拉应力基本上小于岩石的最大抗压、抗拉应力，但是由于 576 采空区的不规则性，局部应力较为集中的现象依然存在，尤其是剪切应力，必须要做好安全预防及空区处理工作。

（4）从岩石力学试验得知，岩体为脆性材料，抗拉、抗剪强度远小于抗压强度，其往往只有抗压强度的 1/5 ~ 1/15，因此采空区上方及其周围岩体的破坏主要是剪切破坏或拉伸破坏。

7.5 采空区稳定性评价及处置措施

采空区稳定型的评价分析，首先需要识别和收集影响采空区稳定性的自然因素，从而明确采空区稳定性分析的各工程因素，才能具体问题具体分析，最终实现采空区的稳定性评价与分析。采空区的工程因素的主要参数，通过物探、钻探和三维扫描的方法对采空区（包括盲空区）进行综合探测获得，如采空区的位置、规格、大小、埋深等参数均是采空区安全稳定性分析的重要数据。

采空区稳定性分析的结果，是露天复采施工组织和管理的重要依据，现场管理要依据采空区稳定性及其影响的不同，分析空区治理与剥采施工的相互制约关系，科学合理决策和应对，具体流程如图 7-22 所示。

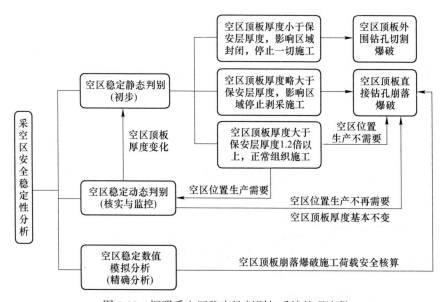

图 7-22　探明采空区稳定性判别与后续处理流程

如图 7-22 所示，采空区稳定性分析结果可以用于指导采空区处理的方案设计与施工，保障采空区崩落爆破施工的安全，并可以用于指导露天矿山的生产组织，保障露天复采作业人员和设备的安全。

考虑到露天采矿是一个动态演变过程，加上地质的复杂性，对采空区的研究和认识仍难免不充分、不精确，采空区顶板的稳定性分析也是一个循序渐进的过程，包括采空区稳定性静态分析、采空区稳定性的定态判别和采空区稳定性的数值模拟分析等，千万不要草率判别、经验判别，最好多种方法相互验证，避免单一方法的缺陷和不足。

总之，通过采空区定性、定量分析的结果，从而科学合理地判别采空区对采空区治理施工和露天复采作业的影响，并合理权衡空区治理与露天剥采施工的优先关系，指导空区处理的方案优选、设计和施工。如果露天生产安全得到保障，采场正常剥采作业优先，空区处理择合适时机进行；露天生产安全得不到保障，必须进行空区的治理，进行微观采场作业条件再造后组织露天剥采作业。

7.6　本章小结

（1）地质条件复杂、构造多，影响采空区稳定性的因素众多，需要注重空区探测和剥采作业过程中的地质资料收集，其是空区安全稳定性分析的前提。

（2）采空区稳定性的评判是多因素判别，需要在保证施工安全的前提下，根据空区的性质、重要性和影响范围，采用合适方法进行判别，包括静态判别、动态判别和数值模拟分析判别，指导采空区安全治理和露天剥采作业施工。

（3）空区稳定性分析是为了权衡空区治理与剥采施工的优先关系，并指导空区处理的方案优选、设计和施工。如果露天生产安全得到保障，采场正常剥采作业优先，空区处理择合适时机进行；露天生产安全得不到保障，必须进行空区的治理，进行微观采场作业条件再造后组织露天剥采作业。

8 采场遗留空区的治理与验收

8.1 采场遗留空区防治流程

地采转露天复采矿山，在露天复采之前需投入较大量的人力、物力、财力，对地采时遗留的大型隐患空区进行集中治理，实现宏观露天采矿环境再造。但考虑到部分未治理采空区（包括盲空区）的不利影响，加上受到地采转露天复采的技术和经验的限制以及地质环境的复杂性和采空区的隐蔽性，对采空区的认识还不全面和不深刻，导致采场遗留空区仍有诱发较大规模矿山地质灾害的可能，因此有必要建立有效的矿区地质灾害监测与预警系统，为露天复采施工的宏观安全条件提供保障。

在地采转露天复采矿山采矿施工过程中，需要对采场遗留的区域空区进行探测和治理，实现微观露天采场作业条件再造，确保露天采矿作业的人员和设备安全。通过长期的研究、探索，采场遗留区域空区治理工作已逐步实现了有序化、正规化和科学化，提出了区域空区治理中的安全与技术管理措施，以期采场区域空区安全治理与露天剥采施工协同作业，最终实现开采、回收隐患矿产资源的安全和高效。经过宏观露天采矿环境再造，即地采转露天复采之前对大型隐患空区进行集中治理，尚遗留的未治理采空区的主要特点如下：

（1）大部分为未进行充填、一小部分为充填未接顶的空区，形态不规则，空区大小、高低不一致。

（2）一般位于富矿区，特别是当矿柱破坏偷采现象严重时，会导致采空区顶板连续暴露面积增大。

（3）采空区复合交错或空区之间隔层较薄，甚至几层相互采透贯通。

（4）由于村民盗采，存在大量的盲空区。

考虑到地采转露天复采进行矿产资源回收的历史不长，水文地质条件复杂，很多研究还不充分，现场总结的经验教训还不全面，所以需要工作过程中不断总结和完善。经过大量的实地调查研究分析和工程实践，建立采空区防治流程如下：

（1）已有资料综合分析。根据收集到的已有资料，分析不同开采阶段采空区与生产作业台阶的相互关系，绘出采空区与生产作业台阶关系的平、剖面图，初步弄清楚采空区的分布、大小、位置和埋深。

（2）采空区探测。"探"包括物探和钻探技术的结合使用，在生产过程中利用物探和钻探进行采空区的超前勘探；"测"是指利用国际上先进的三维空区激光扫描仪进行采空区的定量描述，进而探明空区技术参数。

（3）采空区处理方案设计。根据采空区分布状况和工程地质条件，对采空区处理方案进行施工设计，并提出安全措施。

（4）现场施工与后评价。按照采空区处理方案组织施工，同时做好应急预案，确保施工过程安全；采空区处理以后，需要对处理效果进行评估分析，确保安全隐患排除。

如图8-1所示，采场遗留区域空区的防治，首先基于已有资料的综合分析，再通过空区探测、空区稳定性分析深入掌握空区信息，继而进行空区的崩落爆破设计、施工与验收，最终实现微观采场作业条件再造——排除采空区安全隐患，确保露天剥采作业安全。

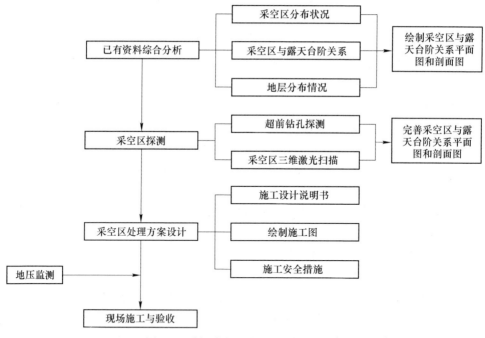

图 8-1　采场遗留区域空区防治流程图

8.2　崩落法空区处理技术

从国内外采空区处理方法和经验分析，主要采用地表崩落处理法和充填法，这两种方法工艺和技术都较成熟，应用广泛。对于地采转露天复采矿山的采场区域空区的治理，一般情况下，采用充填法技术上可行，但经济上不合理，因为露天开采境界内空区充填后，待空区揭露后又要对充填体进行二次搬运。另外，地采转露天复采矿山的地下遗留空区，往往地质条件不稳定，施工环境恶劣，从地下进入人员和设备的安全隐患大，故不宜采用充填法进行处理。崩落处理法与充填法相比，具有施工方便、效果好、速度快、成本低、能有效与生产相结合等优点，是该类采空区治理的最佳方法。

8.2.1 常规崩落法

当采空区顶板至台阶顶面厚度大于最小安全厚度，而小于台阶高度，在地压活动稳定地段，采空区形态清楚的条件下，利用台阶坡面与采空区为自由面，采用常规崩落法处理（见图8-2）。

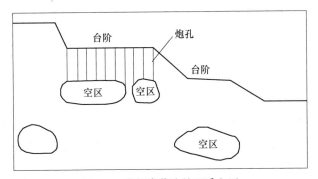

图 8-2 常规崩落法处理采空区

8.2.2 侧翼揭露崩落法

当台阶面被较厚松碴覆盖难以穿孔，或台阶面至采空区顶板厚度小于最小安全厚度时的单层采空区处理应采用从边部侧翼揭露，推进至采空区边界时布置倾斜中深孔崩落，分次推进处理，如图8-3所示。

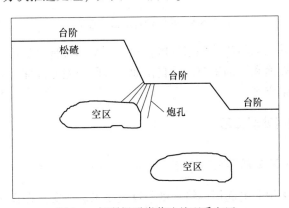

图 8-3 侧翼揭露崩落法处理采空区

8.2.3　台阶分段或并段崩落法

当上台阶面至采空区顶板厚度较大，穿孔爆破困难，而下降一个台阶水平后，下台阶面至采空区顶板厚度又小于最小安全厚度，不能保证生产作业安全时，可将上台阶根据实际先下降6～8m，在保证作业安全，同时满足穿孔爆破作业要求后，再采用深孔爆破一次处理多层复合采空区如图8-4所示。

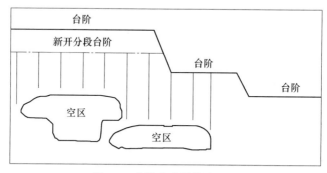

图8-4　分段台阶崩落处理法

当下台阶面至采空区顶板厚度较小，不能保证作业安全，而分段处理亦不能很好保证作业安全时，可将上、下台阶并段，在上台阶面采用深孔爆破一次处理多层复合采空区如图8-5所示。

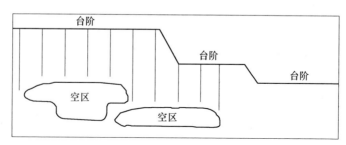

图8-5　并段台阶崩落处理法

台阶分段或并段崩落法处理采空区，穿孔要采用自身重量低的钻机，如潜孔钻穿孔，以台阶坡面和下部采空区为自由面，排间微差分段深孔侧向爆破，崩落采空区顶板填塞采空区。

8.2.4　崩落法空区处理工艺

8.2.4.1　采空区强制崩落处理工艺

起爆方法应采用非电起爆网络和微差爆破技术。在实际操作过程中，还应通过爆破试验确定最优的爆破参数和起爆方法，穿孔的装药结构如图8-6所示。

以未风化的岩体为例，采空区处理施工方法和施工顺序：采空区强制崩落施工方法如图 8-7 所示，强制崩落 B 区后，对 C 区地表部分进行松碴清理，以满足 C 区的钻孔要求，C 区爆破完成后，再进行统一装运。

根据采空区顶板的厚度，将采取不同的布孔方式和起爆顺序，保证爆破效果，采空区由崩落的石头塌陷充满，排除安全隐患。当采空区探明以后，满足垂直孔崩落爆破施工的条件时，即空区顶板厚度既满足钻孔和爆破作业的施工安全，又小于钻机的钻孔深度极限，即采用垂直炮孔崩落爆破处理方案。根据崩落爆破区域的形状、大小、埋深，设计不同的起爆方式。当空区比较大、埋深相对浅时，崩落后岩渣能够填充空区，可以用毫秒微差从中间向四周起爆。

8.2.4.2 垮塌空区的处理工艺

已有的采空区顶板垮塌分为两种情况：一种为完全崩落；另一种为未完全崩落。为解决这两种情况施工过程中存在的安全问题，可遵循下面的顺序进行施工（参见图 8-8）：

(1) 回采 C 区岩体。

(2) C 区回采结束后，进行 D 区的回采。

(3) D 区回采结束后，回采 B、A 区。

空区自然垮塌后，将原采空区群贯通，形成崩落区和原采空区。在施工过程中，从侧面揭露空区和崩落区，侧向挖装推进，挖装推进过程中进行钻探确认挖装作业平台的安全性。

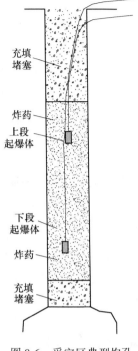

图 8-6 采空区典型炮孔装药结构图

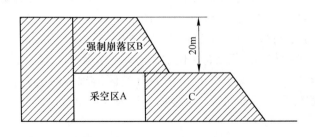

图 8-7 强制崩落爆破方案施工方法

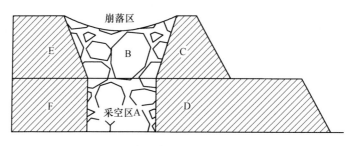

图 8-8　自然崩落采空区施工方法

8.3　采空区处理的施工组织

8.3.1　组织机构及人员配备

在专门的采空区处理管理机构的指导下，配备采矿、地质、安全及仪器管理（三维激光扫描仪及地压监测仪器）方面的人员，对采空区进行专门的研究，以便指导现场工作。现场的技术管理骨干，要求建立起采空区的知识体系，对采空区有比较深刻的理解，现场发现一些安全隐患或者危险征兆，有职业的敏感性，作为避免安全事故的最后一道防线。

中基层的技术管理人员，要主动消化接受现有科研成果、技术资料、专项方案，结合现场实际情况，不断完善和提高，实现安全生产，否则就要承担相应的责任。施工组织设计文件和采空区专项方案，目的是指明方向和思路，宏观指导空区防治工作。技术的消化、转化和落实还要靠中基层人员来不断完善，技术管理人员要看懂图纸、懂得分析过程，举一反三，统筹安排安全生产，要发挥基层作业人员的主动性和积极性，才能确保施工安全。

采空区处理管理机构主要职责包括：

（1）贯彻执行上级各部门制定的有关空区安全生产的各种法规规程，创造性地坚持不懈地开展空区治理全过程的工作。

（2）按照年采剥作业计划，制定年、季、月空区探测治理计划和预期目标。按计划要求，协调生产与空区治理相关具体实施工作。

（3）联系与采空区治理有研究实力的科研单位、大专院校相互合作，联合攻关，使空区治理理论与实践相结合，使空区治理技术水平走在国内外先进行列。

（4）根据空区治理需要，定期组织召开空区治理专门性会议，研究布置空区治理工作，解决重大疑难问题。并根据会议内容写出会议纪要，下发相关部门认真执行。

（5）随着新技术的不断进步，提出空区治理所需要的仪器、设备更新计划，空区探测计划和相关人员、技术力量的调配。

（6）解决空区处理过程中重大安全技术问题，组织采空区治理方案的论证，实施方案设计的审查、会签。

（7）负责采空区探测，采空区治理施工队伍的资质审查，施工合同的签订、实施、验收、结算等工作。

（8）根据已掌握的空区资料和开采计划，对塌落危险区进行现场划界，设立标识、警戒点位置、危险警示和空区危险排除后的警戒解除工作。

（9）实施爆破处理空区时，对爆破可能产生危害范围内设备提出撤离位置或保护措施，以及紧急情况下的人员撤离预案。

（10）对采空区治理效果进行评价，对治理后是否还存在安全隐患进行分析，提出安全防范措施，并在生产过程中贯彻执行，对空区引起的突发灾害进行现场处置，调查分析提出改进措施和处理意见，防止类似灾害的再次发生。

8.3.2　施工组织流程及要求

施工组织流程及要求主要包括以下几点：

（1）采矿钻爆施工过程中如发现空区或者疑似空区，立即暂停该区域的施工，及时将情况汇报给现场管理人员。

（2）管理人员首先测量出所发现的空区或者疑似空区的具体位置，并仔细勘察周边情况，补充和核查相关资料，进行研究分析，拟定初步的空区处理方案，确保安全的情况下方可继续后续施工。

（3）根据补充和核查的资料，由测量人员现场放样，具体圈定进一步核实后的采空区，并在露采工作面上的具体轮廓边树立标记，禁止无关人员进入该区域。

（4）空区钻探、探明施工中，由周边向中心逐渐推进，以便对岩层稳定性和空区情况进行试探，每10m左右布一个勘查孔打穿岩体，根据勘查孔的情况，进一步了解空区的情况，勘查孔可作为爆破孔使用，在空区进行钻孔作业时，必须有专人观察周围岩层的动态，发现异常，立即撤离。

（5）空区探明后，根据具体钻探情况进行空区崩落爆破方案的设计。

（6）按照爆破设计方案进行施工，施工中的发现的新问题及时反馈，以便优化调整采空区崩落爆破设计方案。

（7）按照优化后的最终爆破方案组织装药、堵塞、联网等作业。

（8）空区崩落后，进行爆后检查，爆破工程师和安全员联合仔细检查爆区，以便及时发现异常情况，如周边塌陷、地表开裂、爆堆体积和形状异常等，有异常情况要及时汇报，并进行采空区治理效果的评估分析。

（9）空区挖装作业，待第二天爆破工程师和安全员检查过静置一夜的爆区及周边环境，确认地质环境没有变化后，方可开工，严禁擅自作业。

（10）挖装作业过程中，发现空洞（井巷、空区）等，立即停止作业，报告现场管理人员，待确认无安全隐患后方可恢复作业，采空区挖运施工，要求白天、无雾时作业，以便能够及时发现征兆，如地表开裂、下沉、滑坡等。

8.3.3　采空区处理的安全措施

8.3.3.1　采空区治理的制度建设

为全面、有效地收集各种地质活动信息，系统地监测和分析矿区地质活动发展趋势及保安层稳定性状况，制定相应的监控和预防措施，有效地控制地质活动的危害，确保安全生产，制定以下保障制度。

A　宏观分析与控制（预防）制度

（1）每个月对当前掌握采空区总体分布及露天采场开采状况、地质活动情况进行收集整理，并组织相关技术人员定期召开专题会议，分析当前地质活动的影响因素，内部评价各区域地质活动级别，按级分别划分为相对稳定区、轻微活动区和频繁活动区，逐级制定相应的监控和预防措施。

（2）与有关地质研究单位和部门探讨和合作，对即将揭露的大面积采空区进行数值模拟计算，分析和预测矿区弹塑性区的空间分布和地质活动形式，指导划分重点监控区域。

（3）安全和技术部门每月定期检查和督促各项地质活动控制（预防）措施的落实，未按相关要求实施的，应立即进行整改。

B　现场监控初步分析和汇报制度

（1）现场监测根据露天开采确定的区域按相应的周期进行，监测工作由专人负责，监测记录必须详细书写，及时收集新的信息，并签名确认。

（2）监测人员当班现场监测若发现地质活动异常时，应立即向主管领导、安全部门和调度室汇报。

（3）现场发现开裂、局部塌陷等现象，在保证安全的前提下，建立起监控体系，确保采空区处理、排险作业的安全。

（4）主动询问井下各生产单位在生产作业中是否发现片帮、冒落增多和岩爆频繁等地质活动，发现异常时应立即向安全部门汇报。

（5）各种异常情况，不得夸大或瞒报，安全部门在 12 小时内组织人员现场确认。

C　安全技术交底制度

为了确保采空区施工的安全，将采空区施工的注意事项落实、灌输到每一个现场施工人员，建立针对采空区的安全技术交底制度。安全技术交底资料，需要根据不同时期采空区的不同情况，以及技术管理人员对采空区的理解深化，不断优化和补充采空区安全技术交底的内容。根据现有研究资料，初步确定采空区安全技术交底内容如下：

（1）矿山道路，包括新修筑的和原有的成型道路，均避开了采空区，大型设备要沿道路行走，不得任意超短道、开辟新的道路。

（2）督促人员、设备不得去非工作区域，防止发生意外事故。

（3）采空区施工，要求白天、无雾时作业，以便能够及时发现征兆，如地表开裂、下沉、滑坡等。

（4）对每一个爆区，爆破工程师要询问钻孔情况，有没有遇到空区，有没有松软的破碎带等，及时汇报给项目总工程师，并记入每个爆区的爆破设计。

（5）装药前，每孔均要进行验孔，及时发现穿孔；装药过程中，每孔按照设计定量装药，防止遇到空区、塌陷区超量装药。

（6）空区爆破，要安排在中午爆破，爆破工程师和安全员联合仔细检查爆区，以便及时发现异常情况，如周边塌陷、地表开裂、爆堆体积和形状异常等，有异常情况要及时汇报。

（7）空区挖装作业，待第二天爆破工程师和安全员检查过静置一夜的爆区及周边环境，确认地质环境没有变化后，方可开工，严禁擅自作业。

（8）挖运施工过程中，发现空洞（井巷、空区）等，立即停止作业，报告现场管理人员，待核准无安全隐患后方可恢复作业。

（9）空区附近进行挖运作业，限制人员设备投入量，一个工作面不得多于两台挖机，且间隔大于 20m，运输汽车不得排队积压等候，限制现场管理人员数量。

（10）空区作业，建立起定时巡查制度，及时发现危险征兆。

（11）空区作业平台，必须安排现场调度或者安全员监守，发现地表开裂、下沉、滑坡等现象，及时汇报，不得擅自离岗，确保有作业就有人员监守。

（12）空区作业前，由现场监守调度和安全员组织召开班前会，进行安全技术交底，要求挖机、汽车均定员定岗。

（13）各种危险区域，及时标志，拉警戒带，并安排人值守；无关人员不得靠近危险区域。

（14）采空区的排险，需要摸清情况，进行调查分析，由项目部组织相关人员会诊并形成共识后，方可进行空区排险作业，不得擅自指挥，严禁围观。

8.3.3.2 采空区治理的技术措施

采空区治理技术措施主要包括防塌陷措施，爆破安全措施，坍塌区及其周围回采安全措施。

A　防塌陷措施

（1）在空区资料不明地段及塌陷区内作业，必须先行超前进行钻探孔设计和探测施工，核实空区状况，钻探孔深大于保安层厚度加一个台阶高度。

（2）保安层安全厚度的确定：露天开采随着生产进行，台阶越来越接近采空区，即采空区顶板厚度越来越小，当厚度小于某值时，就会产生陷落而造成事故。故将采空区顶板的最小安全厚度称为保安层厚度。根据不同情况保安层厚度分别确定为：

1）在未风化的矽卡岩、硅化岩、次英安斑岩工程岩组中保安层厚度应大于 20m。

2）在风化较严重的岩组（高岭土、孔雀石、褐铁矿）中保安层厚度应大于 30m。

3）在岩移塌陷区内域陷落漏斗充填的松散岩体内保安层厚度不能小于 30m。

4）当保安层厚度小于上述安全厚度时对空区须进行预处理。

5）保安层厚度是按数值模拟及传统理论分析综合选取，因为地质条件的不确定性，在实际操作过程中还应根据处理效果进行修订与完善。

（3）在地质活动处于相对活跃时期或雨季，应尽量避免在老塌陷区及地表岩移圈内作业，特别是不允许在塌陷区漏斗中心作业逗留和停放设备。

B　爆破安全措施

（1）在施工中安排专人现场监测本爆区和周边的地质活动情况，发现异常及时报告并撤离。

（2）在爆破施工期间，各现场施工人员必须严格按有关规定程序进行作业，严禁携带烟火和开着的手机进入爆区，安全保卫人员要阻止一切闲杂人员进入施工现场。

（3）装药、连线过程中严禁车辆和设备在爆区周围 20m 内运行。

（4）在空区安全厚度较薄的区域用警戒带标示，并严格限制施工人数，要求二人运药，二人装药，二人充填。

（5）如发现危及人身安全的险情，应立即组织人员撤离，安全撤离预案见后。

（6）爆破施工作业，必须严格按照国家有关爆破规程操作。

C　坍塌区及其周围回采安全措施

（1）在塌陷区周边采矿时，应科学设计采矿方法，优化采场结构尺寸（包括矿块尺寸、形态、长短轴布置方向等），合理布置采场回采顺序。

（2）矿区水文地质和工程地质对采场顶板的冒落有很大影响，要尽量避免降水直接渗入井下采空区，防止采空区渗水后围岩垮落。建议在地表开挖排水沟，及时将地表水引出塌陷区域。

（3）对处于塌陷区下部主要巷道的稳定性问题要引起足够重视，可采取适当的支护措施和地压监测措施。

（4）塌陷区形成后，该区域应力集中现象得到缓解，应力产生转移，可能在周边矿柱和空区顶板等处产生应力重分布。因此，必须继续加强对塌陷区周边地压监测、管理及预测预报工作。例如可在地面塌陷区域内建立水准观测网或采用应力计、压力盒等对围岩和矿柱进行应力监测，以便掌握开采区域内巷道和围岩的稳定性，了解采动影响及地表移动和变形规律，弄清采空区周围及上下盘岩体中的应力分布、压力支撑点、应力集中区。

（5）Ⅴ号、Ⅶ号、Ⅷ号采空区所在位置是Ⅰ采空区东高品位铜矿体，虽因回采而塌陷，但其资源仍具有可观的回收价值，因此，必须采取如下措施进行保护和回收：首先暂时封闭塌陷区，再留足保安矿区，回采塌陷区周围矿石。接下来对塌陷区内及周围能安全充填的位置进行充填，待塌陷区经治理达到安全稳定后，考虑上部采用露采方式回收，下部采用地表强制崩落法充填采空区并同时回收矿产资源。

8.3.3.3 采空区治理的管理措施

为保证地采转露天复采施工安全和高效，落实好采空区治理的管理措施是非常必要的。

（1）各台阶下部采空区达到处理条件时，由技术部门把空区的平面位置用彩条（或白灰）木牌标定在现场，木牌上要标明空区标高和安全作业厚度。

（2）当发现地表有沉降裂缝，资料显示又存在较大规模空区时，地表要划定危险区。由地测部门在不同位置建立水准观测点，按周、月定期观测，如发现地表沉降速度超过20mm/周，就应立即采取撤离措施，并加密观测次数，禁止一切生产性活动。

（3）采空区探测与生产探矿相结合，进一步摸清空区顶板标高和分布范围，验证已掌握资料的可靠性，发现原来没有资料而被漏掉的空区。

（4）在已知空区上部进行穿孔、爆破、铲装作业时，要用岩体声发射监测仪现场监测，监听有没有声反射方面的变化。每次监测时间不少于5min，当该段时间大事件超过3次，即应及时汇报，并采取相应措施，组织撤离，待岩石稳定后再行作业。

（5）如有条件应定期进入地采时的巷道，观察巷道壁，矿柱岩体受压后岩体有无明显变化，空区顶板有无岩块垮落，如发现异常较大则其相对应的上部空区垮塌即将到来，应立即撤离上部所能波及的设备、人员，以保证设备、人员安全。

（6）加强现场地质工作，地质技术人员与测量技术人员密切配合，每月根据台阶采剥现状，凡受采空区影响的位置进行一次调查填图，把岩性、地质构造带、节理发育带的相关参数标注在图上，重要部分要用文字进行说明，对空区可能造成的影响进行评价分析。

（7）由于采空区多层贯透的复杂性和岩体受空区多种因素影响岩体内部应力变化的不可知性，尽管对预防空区塌陷做了很多工作，但是局部发生突发塌陷的可能性依然存在，所涉及的全体人员必须有心理准备。一旦突发性事件发生，现场人员设备要立即撤离并报告值班调度和安全主管经理。应急预案立刻启动，封锁进入塌陷区通道，组织救援人员、设备、测估塌陷区基本位置，分析塌陷区情况，对下一步可能出现的问题进行评估，以采取相应措施。

（8）对塌陷区危险区设立围栏和明显警示标志，无关人员不得进入，特殊时期的重要通道要不间断有人把守，严防有人误入。

（9）阴雨期和冰冻期是采空区塌陷的频发期，要格外引起相关单位和工作人员的高度重视，要多种安全措施联合应用，以确保该时期人员设备安全。

（10）充分发挥全体员工保证空区安全的积极性，调动每个现场操作人员、管理人员、技术人员认真执行采空区安全相关规定措施的积极性，人人争当兼职安全员，当现场场地、地表出现裂缝、沉降、陷落、震动等异常情况时，要及时向有关领导及管理部门汇报，以便根据现场情况采取相关措施。

（11）在空区部位工作的设备及操作人员应尽量少，应做到有人操作，有人观察地面。若遇特殊紧急情况应先撤人员，待现场稳定后再撤设备。

（12）采用中深孔爆破处理采空区的基本标准必须达到：爆后现场空区范围内明显凹陷，经测量用剖面法计算采空区塌陷状态与设计预计状态基本一致。

8.4　采空区崩落爆破效果评价与验收

8.4.1　采空区崩落爆破效果评价的基本原理

地下开采转入露天复采的矿山，经过宏观露天采矿环境再造，露天开采境界内的遗留采空区一般均采用崩落爆破法充填，实现隐患空区治理与露天矿山生产协同作业。

采空区崩落以后，利用采空区崩落爆破前后的区域体积平衡和岩体体积平衡原理，如图8-9所示，计算出遗留小空区体积和采空区充填率，从而定量评价采空区崩落爆破处理效果。图8-9（a）为崩落爆破前采空区及其处理区域示意图，其中：1为原始地面，2为采空区，3为采空区围岩，4为采空区顶板，5为采空区顶板中心部分，6为采空区顶板外围部分；图8-9（b）为崩落爆破后采空区及其处理区域示意图，其中：7为地表塌陷后的地面，8为地表塌陷体积（当地表无塌陷时为0），9为爆破后松散岩体，10为遗留小采空区，11为爆破后整体岩体（对应于采空区顶板切割爆破时的采空区顶板中心部分5）。

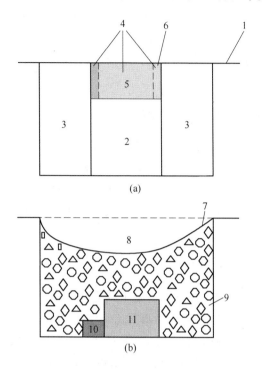

图 8-9 采空区崩落爆破前后体积平衡图
(a) 崩落爆破前；(b) 崩落爆破后

由图 8-9 可知，根据采空区崩落爆破前后区域体积平衡原理，针对采空区及其崩落爆破处理区域，采空区崩落爆破前后存在该区域体积平衡公式如下：

$$V_{1岩} + V_{1空} = V_{2松岩} + V_{2整岩} + V_{2空} + \Delta V \tag{8-1}$$

$V_{1岩}$——爆破前采空区崩落爆破处理区域内岩体总体积；

$V_{1空}$——爆破前采空区体积；

$V_{2松岩}$——采空区崩落爆破中被爆破破碎岩体的松散体积；

$V_{2整岩}$——采空区崩落爆破处理区域内未被爆破破碎的整体岩体体积；

$V_{2空}$——爆破后遗留采空区体积；

ΔV——爆破后地表塌陷体积。

根据采空区崩落爆破前后岩体体积平衡原理，采空区崩落爆破后，崩落爆破处理区域内的部分或全部岩石由原岩状态变为松散岩块，仍存在实际岩体体积平衡公式如下：

$$V_{2松岩} = k_0 V_{1岩爆} \tag{8-2}$$

k_0——岩石爆破破碎后的松散系数；

$V_{1岩爆}$——采空区崩落爆破中被爆破破碎岩体的原始体积。

通过遗留小空区体积和采空区充填率两个指标评价采空区崩落爆破处理效果，其中采空区充填率 k，主要评价崩落爆破处理本身的效果，据此判别原主要隐患是否排除；局部遗留空区体积 $V_{2空}$，主要评价空区崩落爆破处理后剩余安全隐患的大小。

8.4.2　评价验收方法的适用范围及应用

地采转露天复采矿山生产过程中探测到的采空区崩落爆破处理，根据空区跨度、顶板厚度和布孔方式不同，一般采取如下三种处理方法，即空区顶板（可含局部围岩）崩落爆破处理、空区围岩崩落爆破充填处理和空区顶板外围切割爆破处理。以上三种空区崩落处理方法，均可以通过上述评估方法进行空区治理效果评价验收。

8.4.2.1　空区顶板（可含局部围岩）崩落爆破法

当采空区顶板厚度适中，足以承担施工载荷，又便于爆破破碎，通过采空区顶板（可含局部围岩）崩落爆破法处理采空区，采空区处理时同时实现了该区域的采矿爆破或岩石剥离爆破。该方法一般对全部采空区顶板进行钻爆施工，但如果空区顶板厚/跨比较大，单纯进行空区顶板爆破夹制作用较大，可增加局部围岩爆破。采空区及采空区崩落爆破处理区域内，爆破前该区域内为需要爆破的采空区顶板（可含局部围岩）的自然岩体和采空区；爆破后形成地表塌陷，该区域内的岩体均充分破碎变成松散岩体充填原采空区，局部仍可能存在小的遗留空区。

该处理方案，采空区崩落爆破处理区域圈定时取 $V_{2整岩} = 0$，则有 $V_{1岩} = V_{1岩爆}$，表示圈定区域内的岩体均进行爆破破碎。根据采空区崩落爆破前后区域体积平衡公式，采空区崩落爆破以后，如果 $V_{2空} > 0$，表示采空区未充填满，仍存在遗留空区。遗留空区的体积如下：

$$
\begin{aligned}
V_{2空} &= V_{1岩爆} + V_{1空} - V_{2松岩} - \Delta V \\
&= V_{1岩爆} + V_{1空} - k_0 V_{1岩爆} - \Delta V \\
&= V_{1空} - (k_0 - 1) V_{1岩爆} - \Delta V
\end{aligned}
\tag{8-3}
$$

采空区进行顶板（可含局部围岩）崩落爆破以后，往往空区顶板破碎导致地表塌陷，采空区的充填系数 k：

$$
\begin{aligned}
k &= 1 - V_{2空}/V_{1空} \\
&= (k_0 - 1) V_{1岩爆}/V_{1空} + \Delta V/V_{1空} \\
&= [(k_0 - 1) V_{1岩爆} + \Delta V]/V_{1空}
\end{aligned}
\tag{8-4}
$$

8.4.2.2 空区围岩崩落爆破充填法

当采空区顶板厚度较大，不利于空区顶板爆破崩塌，但因各种原因，如该存在采空区的区域需要布置矿山道路，空区顶板又难以崩塌但需要充填才能确保运输安全的，可通过采空区围岩崩落爆破法处理采空区。该方法从地表钻垂直深孔至空区围岩，进行装药爆破破碎采空区的围岩，依靠采空区围岩的破碎松散体充填采空区。在采空区及采空区崩落爆破处理区域内，爆破前该区域内为需要爆破的采空区围岩的自然岩体和采空区；爆破后不形成地表塌陷，完全依靠该区域内的爆破围岩的松散体充填原采空区，局部仍可能存在小的遗留空区。

该处理方案，采空区崩落爆破处理区域圈定时取 $V_{2整岩} = 0$，即空区顶板及周边未进行爆破破碎的岩石不计入圈定区域，则有 $V_{1岩} = V_{1岩爆}$，表示圈定区域内的岩体均进行爆破破碎。根据采空区崩落爆破前后区域体积平衡公式，采空区崩落爆破以后，无地表塌陷，即 $\Delta V = 0$。遗留空区的体积如下：

$$V_{2空} = V_{1岩爆} + V_{1空} - V_{2松岩}$$
$$= V_{1岩爆} + V_{1空} - k_0 V_{1岩爆}$$
$$= V_{1空} - (k_0 - 1) V_{1岩爆} \tag{8-5}$$

采空区的充填系数 k 如下：

$$k = (k_0 - 1) V_{1岩爆} / V_{1空} \tag{8-6}$$

8.4.2.3 空区顶板外围切割爆破法

当采空区顶板厚度较薄，难以承担施工载荷时，通过采空区顶板外围切割爆破法处理采空区，空区顶板塌落以后再进行二次破碎，采空区处理与该区域的采矿爆破或者岩石剥离爆破分两次进行。该方法，施工存在危险的采空区顶板中部不进行钻爆，仅对采空区顶板的外围进行爆破，促使空区顶板整体塌落充填空区。

空区顶板外围切割爆破，最理想的情况是爆破后形成一个整齐的、闭合的环状贯穿裂缝，促使空区顶板整体塌落；但实际施工过程中，考虑到安全可靠性，往往在采空区顶板外围进行钻孔爆破形成有一定宽度的破碎带，更好地促进空区顶板塌落。采空区及采空区崩落爆破处理区域内，爆破前该区域内为需要爆破的采空区顶板的自然岩体和采空区；爆破后形成地表塌陷，该区域内的岩体局部充分破碎变成松散岩体、部分整体塌落，共同充填原采空区，局部仍可能存在小的遗留空区。

根据采空区崩落爆破前后区域体积平衡公式，采空区崩落爆破以后，如果 $V_{2空} > 0$ 表示采空区未充填满，仍存在遗留空区。

根据区域体积平衡原理和岩体体积平衡原理，遗留空区的体积如下：

$$V_{2空} = V_{1岩} + V_{1空} - V_{2松岩} - V_{2整岩} - \Delta V$$
$$= V_{1岩} + V_{1空} - k_0 V_{1岩爆} - (V_{1岩} - V_{1爆岩}) - \Delta V$$
$$= V_{1空} - (k_0 - 1)V_{1岩爆} - \Delta V \qquad (8\text{-}7)$$

采空区的充填系数 k 如下：

$$k = 1 - V_{2空}/V_{1空}$$
$$= (k_0 - 1)V_{1岩爆}/V_{1空} + \Delta V/V_{1空}$$
$$= [(k_0 - 1)V_{1岩爆} + \Delta V]/V_{1空} \qquad (8\text{-}8)$$

综上所述，无论采用何种崩落爆破方案，地采转露天复采矿山采空区崩落爆破处理效果评价，均通过采空区充填率和遗留空区体积两个指标评价其崩落爆破处理效果。采空区充填系数 k，主要评价崩落爆破处理本身的效果，k 越接近100%表示崩落爆破效果越好；如果 $k>85\%$，表示爆破效果优良，原主要安全隐患已经排除。局部遗留空区体积 $V_{2空}$，主要评价空区崩落爆破处理后遗留安全隐患的大小，遗留空区体积越大则剩余安全隐患越大；如果遗留空区大到可能影响矿山正常生产的人员和设备安全，需要采取进一步的应对措施。

8.4.3　工艺流程及操作步骤要点

地采转露天复采矿山生产过程中探测到的采空区，往往根据空区顶板厚度不同，采取不同崩落爆破处理方案，包括空区顶板（可含局部围岩）崩落爆破处理、空区围岩崩落爆破充填处理和空区顶板外围切割爆破处理。不管采用何种空区崩落爆破方案，其崩落爆破效果评价验收方法一致，如图 8-10 所示。

（1）采空区探明。先通过物探和钻探等手段，发现采空区；再通过采空区自动激光扫描系统，获得描述采空区位置和形状的点云图，其反应采空区位置、大小、高度和埋深等参数。

（2）采空区体积计算。根据采空区的三维扫描数据，计算采空区的体积。

（3）采空区崩落爆破方案初选。根据空区顶板跨度和厚度不同，选择合适的崩落爆破方案，包括空区顶板（可含局部围岩）崩落爆破处理、空区围岩崩落爆破充填处理和空区顶板外围切割爆破处理三类，同时确定采空区及其崩落爆破处理区域，即采空区崩落爆破前后区域体积平衡公式的圈定区域范围。

（4）岩石爆破破碎后的松散系数 k_0 测定。岩石爆破破碎松散系数 k_0，与岩性、裂隙发育程度、钻爆孔网参数、平均炸药单耗等相关。实际施工过程中，选择类似采空区崩落爆破破碎岩体的地质条件，采用与采空区崩落爆破相同的爆破参数，进行局部区域的台阶爆破，分别测量并计算出爆破后松散岩体体积和对应爆破前原岩体积，两者之比即为岩石爆破破碎后的松散系数 k_0。

（5）采空区崩落爆破方案设计。根据优选的崩落爆破方案，进行崩落爆破设计并计算"区域体积平衡"圈定区域范围内哪些体积是崩落爆破后形成松散

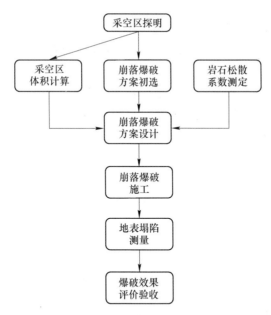

图 8-10　采空区崩落爆破验收流程图

岩体的，哪些仍是整体岩体的（仅针对空区顶板外围切割爆破处理）。

（6）崩落爆破施工。按照采空区崩落爆破设计，组织爆破施工。

（7）地表塌陷测量。为了确保安全，利用非接触测量手段，如利用全站仪无棱镜反射测量，获得采空区崩落爆破以后地表塌陷情况（采空区围岩崩落爆破充填处理方案不存在地表塌陷，不需要测量），计算获得地表塌陷体积。

（8）采空区崩落爆破效果评价验收。根据采空区崩落爆破前后的区域体积平衡和岩体体积平衡，计算出遗留空区体积和采空区充填率，从而定量评价采空区崩落爆破处理效果。采空区崩落爆破处理后，计算出采空区充填率 k，主要评价崩落爆破处理本身的效果，据此判别原主要安全隐患是否排除；计算出局部遗留空区体积 $V_{2空}$，主要评价空区崩落爆破处理后剩余安全隐患的大小。

8.5　本章小结

（1）采场遗留区域空区的防治，首先要基于已有的资料综合分析，再通过空区探测、空区稳定性分析深入掌握空区信息，接着进行空区的崩落爆破设计、施工与验收，最终实现微观采场作业条件再造——排除采空区安全隐患，确保露天剥采作业安全。

（2）采场遗留区域空区的崩落爆破治理，需要具体问题具体分析，充分考虑空区顶板的稳定性和施工过程的安全性，合理选用常规崩落法、侧翼揭露崩落法、台阶分段或并段崩落法来治理空区，根据方案精心组织施工，做好现场管理和应急预防，确保施工过程的安全。

（3）采空区崩落爆破效果评价验收很重要，根据采空区崩落爆破前后的区域体积平衡和岩体体积平衡，计算出遗留空区体积和采空区充填率，从而定量评价采空区崩落爆破处理效果。

（4）采空区崩落爆破处理后，计算出采空区充填率 k，主要评价崩落爆破处理本身的效果，据此判别原主要安全隐患是否排除；计算出局部遗留空区体积 $V_{2空}$，主要评价空区崩落爆破处理后剩余安全隐患的大小。

9 地采转露采矿山的安全生产协同管理

9.1 安全生产协同管理理念

9.1.1 安全生产协同管理的意义

露天矿山安全生产工作的有序进行，是提高矿山生产能力、资源有效综合利用、降低安全隐患的重要方面，是支撑矿区可持续发展的重要途径。生产环节包括穿孔、爆破、采装、运输、排土，每道工序都是环环相扣，密不可分的。对地采转露天复采矿山而言，地采遗留下来的采空区对露天矿山正常生产管理工作造成了极大的安全隐患，同时资源的自然赋存状态因前期地下开采或农民盗采遭到破坏，对露天采矿技术提出了更高的要求。具体来说，地采转露天复采矿山安全生产协调管理的意义在于：

（1）与一般露天矿山相比，地采转露天复采矿山的矿产资源与采空区相依相伴，具有"天使"与"魔鬼"共存、共舞的特点，故"安全"与"生产"更是密不可分，保障露天复采安全的首要工作是采空区隐患的及时治理，实现精细化采矿、回收隐患资源的最终目标。

（2）明确采场遗留采空区危害的影响程度、影响时间、存在范围，从源头上了解矿山的生产现状及影响因素，做到对采场生产与安全的双重把控，尽量将危险源控制在可控范围，而不会对生产工作产生恶劣影响，针对地下遗留采空区做到"有疑必探、先探后进"。

（3）针对特定的危险源，制定专项的预防及处理方案。根据危险源的影响范围，将其进行有效分类，可分为重大危险源与一般危险源。对重大危险源而言，制定有效的预防机制，加强对员工的管理，提高安全意识。针对一般危险源，能及时消除的，可较好及时处理。短时间内未能及时处理的，对员工进行安全知识教育，做好警示标识。通过对危险源的划分，将安全管控融入现场协调生产中来。

（4）安全与生产协同管理工作的进行，是将采矿配矿工作与现场安全管控放在同一层面，既要有效采出资源，又要确保每个生产环节的安全性，及时治理采空区隐患，二者并驾齐驱，不可偏废。

9.1.2 安全生产协同管理体系

地下开采转露天复采矿山的安全生产的协同管理工作尤其突出，核心问题在于露天采矿工艺顺序与采场区域空区治理的协同作业，减少甚至避免相互间的不利影响，有序排除安全隐患，高效回收隐患资源，确保安全高效生产，最终实现露天复采矿山的经济效益。

如图 9-1 所示，为了实现地下开采转露天复采矿山的安全生产的协同管理工作，一是建立精准、高效的数字矿山模型，动态掌握采场布局、采空区的分布和矿产资源的赋存情况，才能"知己知彼百战不殆"；二是建立采空区治理与采矿施工的协同作业机制，一手抓空区隐患的排除，一手抓隐患资源的回收，"两手抓两手都要硬"；三是充分认识到安全高效回收矿产资源对技术和管理方面的要求，做好采矿计划安排和贫化损失控制；四是不断总结经验教训，建立适用的安全生产规章制度。

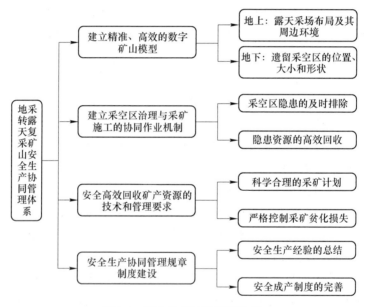

图 9-1 安全生产协同管理体系

9.2 地采转露采矿山的数字矿山模型建立

9.2.1 数字矿山模型的组成

矿山三维场景重建是地下开采转露天复采矿山的安全生产协调管理的重要工作，是实现矿山安全、高效、环保生产和管理的前提和基础。通过矿山三维场景重建技术，包括矿区及其周边的地形地貌三维实景重建（含采场布局与采场现状）和地下矿产资源、遗留采空区分布的三维建模，可以建立矿区与周边生态环境、矿区地上（采场布局、采场现状）与地下（矿产资源储存、采空区分布）相互联动的三维技术管理体系，使露天矿山的生态环境系统和生产作业系统具备全面的可视性，从而更加科学合理地进行矿山开采的规划设计、生产调度及安全、环保、质量监管。

地下开采转露天复采矿山三维场景，主要包括如下三个方面内容：

（1）关于地上三维场景重建，核心技术是通过高效的无人机航拍技术获取拍摄区域的二维正射影像，再通过专业的图像处理软件将分幅的二维图像进行批量化、自动化解析（解析原理为空中三角解析），还原露天矿山及周边环境的三维属性，从而获得矿区及其周边的整体三维地形地貌实景数据，完成露天矿山地面（含周边生态环境）三维场景的高效、高分辨率重建。

（2）关于地下三维场景重建，核心技术是通过数字矿山软件的建模功能，即地下矿产资源储量、种类、品位及其分布，地下采空区的位置、大小及埋深的三维场景重建技术，使埋在地下的矿产资源"透明化"，将采矿施工的目标，即矿产资源及其主要安全威胁——采空区均清晰可见，实现矿山全生命周期的资源开采的科学规划和管理。

（3）关于露天矿山三维场景重建技术的应用，核心是将可见的地表露天生产环境、生产条件与不可见的地下矿产资源上下联动、互动起来，具有很好的直观可视性和总揽全局的宏观性，从而更加科学合理地进行矿山开采的规划设计、生产调度和质量监控，实现矿区环境生态化、开采方式科学化、资源利用高效化、生产运营节能化、管理信息数字化、矿区社区和谐化的总目标。

9.2.2 地表模型的建立（无人机）

9.2.2.1 无人机航测选型

地下开采转露天复采矿山三维场景重建，首先需要安全、高效的地表测量手段，无人机航测技术可以大展身手，无人机航测技术具有测绘效率高、无死角等优势。微型、小型无人机一般搭载摄像头获取图片和录像，采集的数据是定性的，无法满足矿山定量化测量的要求；中、大型无人机可以搭载各种矿山测量设备，但投资造价较高，对无人机驾驶员的要求亦较高，不具备经济合理性。因此，基于矿山测量精度和设备投资造价控制的要求，应选择价廉物美的轻小型民用无人机为搭载平台，进行露天矿山测量和三维建模。通过综合分析轻小型无人机搭载平台和所负载数据采集仪器的特点，认为以下四种方案可行：

（1）方案一，固定翼无人机正射影像航测，如图 9-2（a）所示。

（2）方案二，多旋翼无人机倾斜摄影测量，如图 9-2（b）所示。

（3）方案三，多旋翼无人机雷达系统，如图 9-2（c）所示。

（4）方案四，机载三维激光扫描系统，如图 9-2（d）所示。

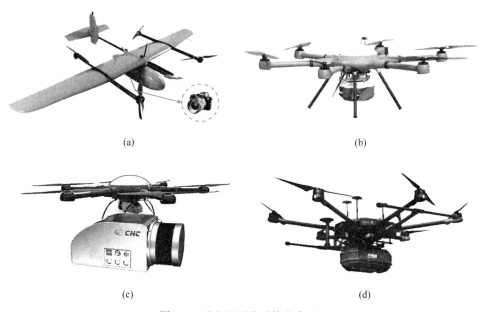

图 9-2　无人机测绘系统方案选型

（a）固定翼无人机正射影像航测；（b）多旋翼无人机倾斜摄影测量；

（c）多旋翼无人机雷达系统；（d）机载三维激光扫描系统

　　上述四种无人机的露天矿山测量与三维建模系统，因无人机的飞行原理不同，飞行速度和搭载负荷大小存在差异；同时，因为搭载数据采集仪器的测量原理不同，测量效率和仪器设备自重也有较大差别。因此，需要进行无人机搭载平台与负荷的匹配分析（表 9-1），同时兼顾系统的经济性、实用性，优选满足露天矿山测量与三维建模相关技术指标要求的无人机测绘系统。

表 9-1　无人机搭载平台与负载的匹配分析

无人机露天矿山测量	搭载平台	数据采集仪器	平台特点分析	数据采集仪器特点分析	无人机搭载平台与负载的匹配分析	经济指标分析
固定翼无人机正射影像航拍	固定翼无人机	校验的单反相机	飞行速度快，搭载负荷能力相对小	单镜头相机数据采集快，仪器轻便	两者的快慢和轻重方面完美匹配，可进行高效航空摄影测量	非常经济

续表 9-1

无人机露天矿山测量	搭载平台	数据采集仪器	平台特点分析	数据采集仪器特点分析	无人机搭载平台与负载的匹配分析	经济指标分析
多旋翼无人机倾斜摄影测量	多旋翼无人机	倾斜摄影镜头	飞行速度较慢，搭载负荷相对较大	多镜头相机数据采集速度较快，仪器较轻便	两者匹配很好，可进行较高效的倾斜摄影测量（含颜色信息）	比较经济
多旋翼无人机雷达系统	多旋翼无人机	激光雷达	飞行速度较慢，搭载负荷相对较大	发射电磁波对目标进行照射并接收其回波，获得目标至电磁波发射点的距离，数据采集速度较快但无色彩信息，仪器略重，达到公斤级	两者匹配较好，相对轻便，可进行较高效的空间位置测量；显著缺点是无测点的颜色信息	比较经济
机载三维激光扫描系统	多旋翼无人机	三维激光扫描仪	飞行速度较慢，搭载负荷相对较大	通过高速激光扫描测量获取被测对象表面的三维坐标数据及颜色信息，仪器较重，可达数公斤	两者匹配一般，测量仪器相对重，测量效率低；优点是同时获得坐标和颜色信息	比较昂贵

露天矿山测量与三维建模相关技术经济指标要求包括测量效率、测量精度和设备系统价格等，通过表 9-1 的分析结果，建议首选价廉物美的方案一，方案二测量效率稍低、投资价格稍高，不失为较好备选方案；方案三虽测量精度有提升，但无测点的颜色信息，导致数据后处理中的点云分类与提取较难，对点云编辑与处理的要求较高；方案四，当前阶段无人机搭载平台与负载的匹配不太理想，加上价格比较昂贵，暂不推荐使用，但随着机载三维激光扫描仪的轻便化和高效化的发展，其整体优势将进一步凸显。

9.2.2.2　航测外业作业

无人机借助 GPS 精确定位技术，获取测量瞬间的空间位置，其与测量仪器的摄影中心点空间位置相对固定，可简化空间位置换算，再通过解析空中三角数据处理软件还原航测实际位置。目前常用的方法是区域网平差，即在由多条航线连接成的区域内进行控制点加密，并对加密点的平面坐标和高程进行整体平差计算。

以华鹠 P310 复合翼无人机为例，其属于垂直起降固定翼无人机，翼展可达 2.6m，采用固定翼结合四旋翼的布局形式，兼具固定翼无人机航时长、速度快、距离远的特点和旋翼无人机垂直起降的功能，采用小型全电动垂直起降固定翼无人机系统，任务载荷 1~2kg，抗风能力 5 级风，前拉升电动力，一个任务架次飞行距离不到 100km，可按照 1：2000、1：1000 或 1：500 的成图比例尺规划设计航测任务，所拍摄的正射影像图像清晰分辨率高，明度、色调容易辨别，色彩效果理想。

航测外业准备工作的每一步，对于航测任务的正常安全进行都至关重要，总体上可以分为飞行计划规划设计与航测系统架设与调试两大步骤，完成后，执行飞前检查、下达航摄任务指令，监控飞行状态，并获取航拍数据。航测系统架设与调试主要包括飞机组装、地面站架设、调试安装相机及航测系统的检测调试等；航拍飞行计划规划与设计主要包括像控点布设、绘制飞行计划和上传飞行计划；航拍飞行任务执行主要包括飞前检查、起飞阶段监控、航线拍摄阶段监控和降落阶段监控。

9.2.2.3　航测内业作业

为了还原露天矿山及其周边设备设施的三维属性，需要将系列的二维航拍图像转换为整个矿山的三维密集点云，数据全面、准确且可视性好。无人机航测技术可在短时间内获取测区所在区域的地形地貌信息，数据量十分庞大，三维坐标信息及二维图像信息等，人工处理无法实现，故必须要进行数据的批量解析处理。

可以采用 Pix4 Dmapper 软件进行一站式自动处理，具有操作简单、所有流程均可一站式处理等特点，可快速生成 3D 地图、三维模型等航测成果。首先进行航拍图像的空三加密解析使图像还原具有空间属性，实现图像的完整拼接；使用距离幂加权法生成了摄区区域三维数字表面模型如图 9-3 所示，以及露天采场模型如图 9-4 所示。

图 9-3　大宝山矿区三维数字模型　　　　图 9-4　露天采场模型

9.2.3 地下矿产资源与采空区模型的建立

9.2.3.1 数字矿山软件特点

目前常用的三维数字矿山软件在操作模式上，按照国人操作习惯和思维方式，借鉴常用软件风格，易学易用，基本能满足矿山工程师的专业需求，具有如下功能特点：

（1）软件界面友好。简洁、实用，操作方便、快捷，可视区域较大、可调。

（2）数据兼容性强：可直接读取 Datamine、Micromine、AutoCAD、Mapgis 等软件的数据文件，此外可直接应用 surpac 的数据库和块体模型文件；双向兼容 Sufer、FLAC 3D、ArcGIS 等常用国外软件，与 CLM 空区测量，多款全站仪和 GPS 数据相连。

（3）数据库功能强大。支持 SOL Server、Access、Oracle 等数据库产品，可进行数据的完整性检查，降低数据冗余，提供数据库管理器，支持表结构创建、数据录入、安全管理等。

（4）建模方便。采用三角网表面建模，结合控制线、分区线、平行剖面法进行矿体建模，可进行常用实体编辑功能等。

（5）开拓系统三维设计及模拟。可以根据道路参数自行设计道路中心线，自动生成边线构建开拓系统；还可以将平面的二维开拓系统图直接导入三维数字矿山软件生成开拓系统模型；进行三维可视化分析，模拟演示。

（6）土石方量计算。随着矿山开采阶段性展开，需料的强度也在发生变化，建立三维开拓模型后三维数字矿山软件可以分割多个平台，采用不同方法如三角网法，网格法，断面法和块段法，快速计算单个台阶或多个台阶的石方量比对结果，根据工程进度要求合理配置工作面。

（7）矿体品位模型。采用三维块段法对矿体储量进行约束估值、计算和报告。

（8）通用的打印出图功能。具有类似 AutoCAD 的绘图打印模块，也可直接输入 CAD 界面进行编辑绘图，与 MapGIS 文件双向兼容和绘图，自动添加坐标网格、图签和比例尺等。

综上所述，近年来以 DIMINE 和 3DMine 为代表的国产三维数字矿山软件逐渐成熟，可在矿山全生命周期内进行广泛应用，包括矿山地质建模（含地下采空区）、矿山运输道路的规划设计、采矿计划编制、采掘带划分与配矿设计、数字化爆破设计等工作，大大提升了地采转露天复采矿山的安全生产协同管理、精细化管理的水平。

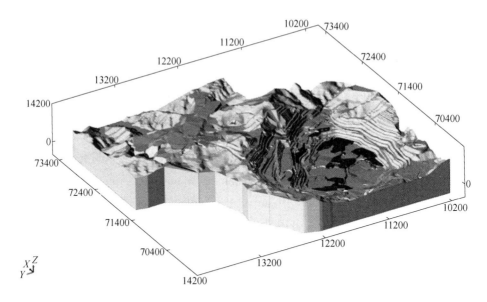

图 9-5   数字矿山建模软件效果展示

9.2.3.2   矿产资源与采空区模型建立

目前，矿业建模软件数目较多，其中 DIMINE 和 3Dmine 软件操作相对简单，与传统的 CAD 软件兼容性较好，可将矿山地形图导入到软件中，通过一系列的操作即可实现矿体资源模型的建立，并以块体的形式展现。可显著标注矿体的各种信息，并以不同的色彩和线条进行显示。

矿体资源模型操作步骤为：

（1）前期采用深孔勘查，获取地表下一定范围内的矿岩分布情况，将获取的岩心送往化验室，得到赋存矿岩的各种信息，包括矿岩的种类、分布范围、矿石的品位等。

（2）按照数字矿山软件的格式要求，将化验室的数据输入并建立钻孔数据库和岩粉数据库，通过不间断的钻勘，达到不断更新矿岩信息的目的，以数据库的形式进行保存。

（3）原有的矿山地形图可通过等高线的绘制以及优化，将地形图转化生成矿区表面模型，大宝山露天矿表面模型如图 9-6 所示。

（4）将获取的矿岩信息生成块体模型，按照矿岩种类和品位进行有效标注。

（5）将块体模型与表面模型进行同时显示，展现矿体赋存的空间关系。通过放大与缩小、旋转等常用功能，实现矿体资源的多态展示，三维可视化效果好，更为直观形象地确定矿脉走向及分布情况。

图 9-6 大宝山矿区表面模型

采空区模型操作步骤为：

（1）采空区未探明、未处理前，根据收集的地下采矿资料，建立采空区的空间分布（位置、大小、埋深等参数）地下模型。

（2）探明采空区，利用三维激光扫描仪进行空区精确探测，收集空区内部点云的分布。

图 9-7 地下巷道与采空区模型

（3）将得到的点云从三维激光扫描仪中输出，以文本格式输入到数字矿山软件中，建立空区内部的实体模型，并可与矿区表面模型、矿体资源模型进行同时显示。

综上所述，通过多种测量和建模手段，特别是数字矿山软件，直观地显示矿体资源与采空区的具体信息，包括上部覆岩性质、矿脉赋存、空区大小及范围等，将掌握的各项资料，具有集成化、多态化、三维可视化等优势，实现资源管理与分析的双重管控，有助于空区的治理与矿石资源的高效采出。

9.3　空区治理与协同采矿

9.3.1　空区治理与露天复采协同创新理念

地采转露天复采矿山，其采场空区安全治理与露天剥采施工协同作业的创新理念包括以下三个方面：

（1）矿山地采转露采，不能盲目转入露天开采，宏观露天采矿环境再造是前提，即地采转露采前必须进行隐患空区的集中治理。

（2）进行大规模地采转露采施工过程中，要时刻注意微观采场作业条件再造，对地采遗留采空区进行探测、分析、处理和验收，有效排除露天剥采作业的安全隐患，其是地采转露采的核心技术。

（3）地采转露采矿山还需要充分认识其与一般露天矿山的不同，特别是矿山地质环境、矿山采矿技术和矿山生产组织等方面，采取有针对性的技术和管理措施。

地采转露天复采矿山，宏观露天采矿环境再造以后，以"微观采场作业条件再造"为核心技术并将其融入露天采矿生产流程中，如图 9-8 所示，从而实现采场区域空区治理与采矿协同作业这一目标。

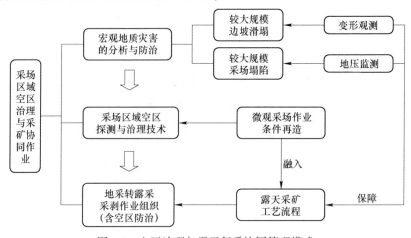

图 9-8　空区治理与露天复采协同管理模式

地采转露天复采矿山的生产组织，重点在以下 4 个方面：

（1）关于地采转露天复采矿山的地质环境安全，关键是要将宏观地质灾害的分析与防治工作做实。

（2）关于地采转露天复采矿山的采空区防治工作，关键是及时排除安全隐患，核心是将采空区的超前探测和崩落爆破处理做好。

（3）关于地采转露天复采矿山的采矿技术方面，关键是采空区、塌陷区采矿配矿技术及其管控流程，将矿石贫化损失控制和配矿工作做精。

（4）关于地采转露天复采矿山的生产组织管理，关键是采空区防治与露天采矿作业协调有序、协同作业，将露天采矿的工艺流程做顺。

9.3.2　地上地下对照分析

为了保证露天复采施工的安全，必须进行地上地下对照分析，随时掌握露天采场生产系统（地上）与矿产资源和采空区（地下）的空间关系，进行地上地下的对照分析，才能实现空区治理与露天复采的协同作业——空区隐患及时排除、隐患资源安全高效回收。

由于早期地下开采遗留的采空区一直存在，以及地下开采对矿产资源自然赋存状态的破坏，对露天复采的安全生产、技术经济性影响较大。通过采场的地上地下对照分析，即分析探明采空区的分布情况，将其投影到地表，确定影响范围及影响程度，从而掌握露天采剥可能对采空区的稳定性造成的影响，以便选择合适时间和方法治理采空区，实现人员和设备的合理配置，保证采空区隐患资源的有效回收。

地采转露天复采矿山日常生产过程中开展地上地下对照分析工作，其工作思路和重点如下：

（1）地上部分。主要是针对露天采剥系统的穿孔、爆破、采装、运输、排土 5 个主要工序，合理设计采场布局，人员设备避开空区影响范围，防止地表塌陷导致安全生产事故；在道路规划方面，永久性道路要远离采空区，临时性道路最好避开采空区，要确保安全性。采矿和采空区处理工作要有序进行，合理规划生产计划，尽量降低安全生产隐患。设置显著的警示标志，确保车辆不会驶入采空区不稳定性区域。人员要分析采空区的分布情况，分析采空区的稳定性，避免盲目进入。钻机在采空区范围内作业，要遵循从外往里逐步试探的方式，钻孔打穿时要及时记录相关情况；若在正常炮孔打孔阶段，发现存在炮孔打穿现象，要及时汇报给技术人员，进行现场放点，并与已有资料进行综合分析。若与已有资料不能对上，则可能存在盲采空区、民采空区等，需要尤为关注。

（2）地下部分。一般来说，采空区存在的位置为高品位矿石资源的富集地，这部分隐患资源的有效回收，对于提高资源的综合高效利用和消除安全隐患十分有利。因此，需对空区赋存情况进行探测分析，分析其稳定性及赋存范围大小等，进行采空区的有效分类，及时制定可靠的强制崩落爆破处理方案。采空区的位置一般情况有迹可循，对于未知采空区，需要依靠钻探勘查与物探探测相结合，尽可能地获取采空区分布情况。分析其分布范围、顶板厚度、顶板岩性、保安层厚度、形态等，是否存在范围扩大现象。对采空区进行汇总，确定单采空区与采空区群的分布规律，例如投影面积及采空区体积等方面。前期的物探探测与现场的钻探勘查相结合，遵循"先探后采"的原则，先进行稳定性分析再进行后期处理方案选择，最终形成空区分布现状图，与生产计划进行对照，影响正常生产工作的，需要进行及时处理；暂不影响生产与不具备处理条件的，可先进行搁置，做好标识或警示。

9.3.3　流水作业组织露天剥采作业

9.3.3.1　采空区塌陷区露天剥采作业流程设计

传统的露天采矿工艺流程包括穿孔、爆破、采装、运输、排土等环节，如图9-9所示，而地采转露采施工工艺流程则包括前端的超前探测以及过程中穿插的采空区安全分析、采空区崩落爆破、崩落爆破效果验收等工序，统一进行流水作业组织，如图9-10所示，避免窝工，确保露天剥采效率。

这就要求地采转露采施工时，适当超前剥离，保证有足够的工作面和时间进行超前探测，同时考虑采空区存在对采剥工作面、施工效率、道路布置、禁止夜间作业等不利影响，并采用流水作业的方式促进流程顺畅，避免窝工，提高采矿施工效率。

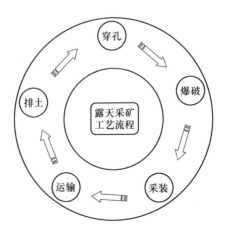

图9-9　传统的露天采矿工艺流程

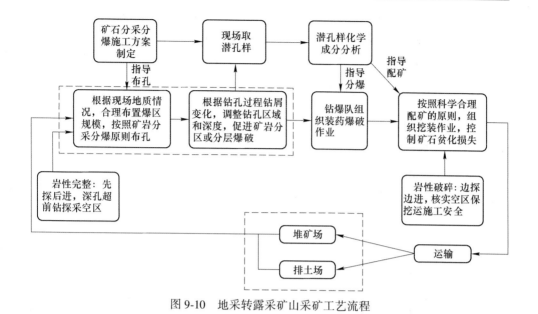

图 9-10 地采转露采矿山采矿工艺流程

9.3.3.2 采空区塌陷区露天剥采作业组织管理

地采转露采矿山往往因多台阶同时作业、台阶工作面狭窄、设备投入较多等因素，给组织和管理带来了很大的难度，引入"分组成倍节拍流水作业"的组织管理理念，一是将原采矿设备组织管理的宽度扩大，不再局限于车和铲的研究分析，将潜孔钻机、挖掘机、自卸车和推土机等均纳入管理范围，合理分组促进多种设备间的配套和协调，减少各种无效等待时间；二是空间上对现场进行合理的规划和布局，划分成标准工作面，有序剥采推进。

A　爆破现场规划与施工组织

现场按照工效匹配的原则，对人员、设备、工作面进行分组、统一调度，组织成倍节拍流水作业施工，将原来的每循环 7 天缩短为 4~5 天。

另外考虑到采空区、塌陷区剥采施工的特殊性及安全生产需要，将采空区超前探测、空区崩落爆破、采矿配矿等工艺和环节融入普通露天矿开采的穿孔、爆破、采装、运输、排土等工艺中，统一进行流水作业安排，强调计划性和执行力，避免窝工，但遇采空区安全问题时具体问题具体分析，适当调整施工工艺和顺序，确保施工安全。

B　爆破施工过程监督与管理

采用科学的流水作业技术指导生产，将任务细化，进行法制化的管理，减小人为管理的不确定性，同时可提高设备的有效利用率。露天矿山剥采施工具有周期性，引入 PDCA 管理模式，持续改进剥采施工组织。按照此模式，借助 KUZ-

RAM 级配预测模型和摄影测量分析技术（统计分析实际爆堆的块度和级配），不断完善安全、技术、管理等方面的不足和漏洞，确保流水作业顺畅有序。

大宝山矿通过"分组成倍节拍流水作业"和 PDCA 循环持续改进的管理模式，剥离强度大大提高，穿孔、爆破、采装、运输和排土的周期为 4~5 天。例如大宝山矿 2010 年西部采区将 5~6 个台阶并段，形成高陡边坡，无法继续进行台阶式开采，重建局部矿山开拓系统后，平均每月下降两个台阶，3 个月后见矿，5 个月后基本采完矿脉上部的低品位矿（临时堆存），6 个月后具备持续稳定供矿的条件，进入采矿的良性循环。

9.4　采矿计划安排与贫化损失控制

9.4.1　采矿计划安排

三维数字矿山软件功能强大，可应用在露天矿山全生命周期中，对采场的施工工艺穿孔、爆破、采装、运输、排土实现规划性设计。在前期的资源圈定、道路设计、中长期规划、短期规划等方面，应用效果显著。

在采矿计划安排方面，利用三维数字矿山软件，先进行资源的有效圈定，按照预期的生产计划，结合现场现状及人员设备配置情况，制定短期的生产计划。同时，要考虑原地下开采对资源赋存状态的破坏及矿石品位的变化，结合配矿指令，将不同区域的资源同时进行采矿设计。需要修筑临时道路和永久性道路时，要将其安排在稳固位置，远离地下空区的影响范围。

（1）制定每周、每月、每季度、每年的生产计划，按照生产指令，确定矿石资源的圈定量，形成矿量圈定表。

（2）矿石的圈定量结合矿区实际情况，合理安排现场作业区域的人员设备配置情况，形成生产计划安排表。

（3）需要采用爆破工艺的，可在爆破设计功能进行全方位的操作，按照圈定的矿脉走向，设计合理的爆破参数，有效将矿岩进行分离。

（4）按照配矿指令，合理安排机组进行采剥服务。

综上所述，地采转露天复采矿山，资源已遭受地下采矿破坏，要做好详细而周密的采矿配矿计划（含施工安全），才能提高资源回采率、降低贫化率、减少损失率。

9.4.2　采矿配矿爆破施工的组织流程

地采转露天复采矿山存在采空区和塌陷区，地质十分复杂且地质资料不全，很难按照常规露天矿山的地质工作管理流程来指导采矿、配矿工作。为了确保科学合理配矿、持续稳定供矿，需要特别注重现场地质资料的收集和分析，采取灵活有效的应对措施来组织采矿配矿，主要应对措施包括：

（1）地质分析与爆区划分。地质、爆破、采矿相关的工程技术人员共同分析地质资料、矿脉走向、采场空区分布情况，充分考虑采空区对采场布置、施工安全、矿岩爆破的不利影响，再确定爆区规模和开采顺序，合理组织矿岩分采分爆施工，从而达到确保施工安全、控制矿石贫化损失的目的。

（2）钻爆过程控制与调整。钻孔过程中，根据钻屑变化进一步判别矿岩分界情况，并及时调整爆区规模和钻孔深度，促进矿岩分区爆破或分层爆破；爆区钻孔完毕，立即对矿体和疑似矿体进行取样分析，根据潜孔样化验结果及炮孔位置图确定装药结构和起爆顺序等，必要时分成 2~3 个小爆区进行爆破，避免矿岩混爆。

（3）矿石采装与配矿。矿石采装作业时，一般选用中小型设备，便于选装，并根据矿石品位高低和可选性差异，按一定比例进行配矿。

（4）选厂信息反馈优化采矿配矿。铜选厂及时反馈快速样、溢流样的分析结果，以便采矿和爆破工程师优化调整采矿配矿方案，提高金属回收率。

例如大宝山铜硫矿石开采，除了常规的"穿孔、爆破、采装、运输、排土"工艺，还要综合考虑采空区塌陷区采矿配矿组织、采场空区探测与安全分析等，具体流程如图 9-11 所示。

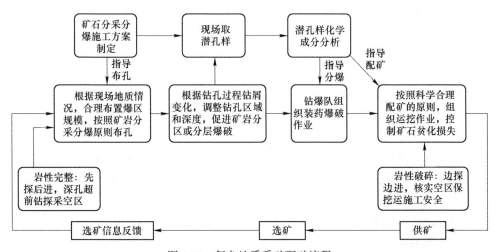

图 9-11　复杂地质采矿配矿流程

采空区、塌陷区露天采矿配矿组织管理模式稳定后，引进流水作业的管理思路，使相对复杂的施工工艺连续化（严禁晚上作业的较危险区域除外），减少无效等待时间，避免窝工，使一个采矿流程从原来的 10~12 天减少到 5~6 天。

因加强采空区超前钻探确保施工安全、综合采取多种爆破技术降低矿石贫化损失以及采用流水作业管理提高剥采效率，保证了持续稳定供矿和科学合理配矿，铜选厂的金属回收率从50%提高到85%左右。因金属回收率的提高，使矿石开采的边际品位由原来的0.4%降低到0.2%~0.3%，矿产资源得到了有效利用，生产压力减小，也为进一步精心组织科学合理采矿配矿提供了条件。

9.4.3　精细爆破施工控制采矿贫化损失

地采转露天复采矿山地质情况复杂，矿体的自然赋存状态遭到了破坏，矿体比较散乱，需要综合运用多种开采工艺，包括分段开采技术、原位爆破技术、大块采矿技术，促进矿石和岩石分采、分装、分运，控制矿石贫化损失，提高矿石回采率，主要采取如下技术手段：

（1）分段开采技术，即当矿体较薄或者矿体倾角大于10°，设备无法在倾斜矿体顶板上正常作业时，采用小台阶破段开采工艺。

（2）原位爆破技术，即爆破后矿石和岩石的爆堆区分断面仍清晰可见，再用小挖机对岩石和矿石分装分运，从而简化采矿爆破工艺，不必分采和剔除。

（3）大块采矿法，即当矿脉较小时重炸围岩，轻炸或不炸矿石，以便爆后挑选出矿石大块再进行二次破碎，具体爆破工艺措施包括矿段堵塞、空气间隔或弱装药等；反之矿脉中夹杂废石亦然。

综上所述，地采转露天复采矿山，资源已遭受地下采矿破坏，矿体不再连续，开采过程中极易导致矿石和废石混合，失去价值，因此要依靠精湛的爆破技术进行矿石的分采分爆，才能控制矿石的贫化和损失。

9.5　安全生产协同管理的规章制度建设

地采转露天复采矿山的安全生产协调管理工作的重点是空区治理与露天复采协同作业，最终实现及时排除采空区带来的安全隐患，安全高效回收、回采矿产资源，实现矿产资源的经济价值。

与常规露天矿山相比，地下开采遗留的采空区，不仅给露天开采施工作业带来了安全隐患，而且破坏了矿产资源的原始赋存状态，矿山的安全生产条件和技术经济条件均恶化，对现场生产的技术、安全管理工作提出了更高的要求。为了使地采转露天复采矿山相关的管理理念、技术方案、操作规程、安全措施等落到实处，需要因地制宜地建立规章制度体系。

采空区治理与露天复采协同作业规章制度体系建设，主要从以下几个方面规划建设：

（1）建立统一的协调管理机构。建立自上而下的系统性组织管理架构，既有岗位人员的保障，也要有管理制度的保障。确定主要负责人、直接管理者，明确各自的职责范围；形成一套有效的管理制度，包括现场勘查、预防及处理方案制定等，将采空区的安全监管工作落到实处，确保日常的监控管理工作正常进行。

（2）建立采空区安全监管机制。首先需要进行已有资料的前期分析，进行井上井下采空区的对照分析。发现可疑区域或者不明区域，需要进行现场扫描，得出空区的所在区域，影响范围等，从而及时分析空区是否稳定；若呈现不稳定状态，需要及时圈定现场警戒范围。

（3）建立采空区的探测机制。可疑区域、高品位矿石富集区域及无地质资料的区域，需要进行重点钻探探测，观察是否存在穿孔现象；若发现穿孔，要及时进行空区扫描，分析空区的赋存情况。若未发现穿孔，施工期间也要关注是否存在塌陷区或其他异常现象，及时汇报钻孔异常情况。

（4）建立采空区的处理机制。合理设计采空区的强制崩落爆破方案，处理后需要等待一定时间，确保坍塌是否已呈稳定状态，首先拉上警戒线，进行安全评价和验收工作，分析充填率是否达标，需要专人负责。达到处理要求后，解除安全隐患标识，进行采装和运输作业，最大程度上消除采空区对安全生产管理的不利影响。

（5）制定精心采矿计划机制。生产组织时，确保每一个出矿点和爆破区域均因地制宜地选择采矿方法和爆破方法，控制矿石的贫化和损失。

（6）制定精细配矿管理机制。及时收集和完善地质资料，勤现场采样分析，建立采场、选厂联动的工作机制，科学合理采矿配矿，确保采选一体化。

考虑到地采转露天复采工作开展的历史还不长，相关研究工作还不充分、不深入，采场的地质资料也往往不全，在施工过程中还需要不断总结经验教训，不断弥补原规章制度体系的缺陷，保障空区治理与采矿配矿能够协同作业，现场的各项组织管理工作有条不紊地开展。

9.6 本章小结

（1）地采转露采矿山，其采场空区安全治理与露天剥采施工协同作业的创新理念包括以下三个方面：

1）地采转露采矿山，不能盲目转入露天开采，宏观露天采矿环境再造是前提，即地采转露采前必须进行大型隐患空区的集中治理。

2）大规模地采转露采施工过程中，要时刻注意微观采场作业条件再造，对地采遗留采空区进行探测、分析、处理和验收，有效排除露天剥采作业的安全隐患，其是地采转露采的核心技术。

3）地采转露采矿山，还需要充分认识其与一般露天矿山的不同，特别是矿山地质环境、矿山采矿技术和矿山生产组织，采取有针对性的技术和管理措施。

（2）地采转露采矿山的生产组织，重点在以下四个方面：

1）关于地采转露天复采矿山的地质环境安全，关键是要将宏观地质灾害的分析与防治工作做实。

2）关于地采转露天复采矿山的采空区防治工作，关键是及时排除安全隐患，核心是将采空区的超前探测和崩落爆破处理做好。

3）关于地采转露天复采矿山的采矿技术方面，关键是采空区、塌陷区采矿配矿技术及其管控流程，将矿石贫化损失控制和配矿工作做精。

4）关于地采转露天复采矿山的生产组织管理，关键是采空区防治与露天采矿作业协调有序、协同作业，将露天采矿的工艺流程做顺。

（3）实践证明，通过对采场现状的研究分析，加强对采空区的探测分析与处理，以确保施工安全以及综合运用多种采矿工艺、精细爆破技术进行采矿配矿，高强度剥离揭露深部矿体等技术措施，解决了供矿形势紧张的局面，为科学合理配矿创造了条件，逐步步入良性循环。

（4）通过采用"分组成倍节拍流水作业"和 PDCA 循环持续改进的管理模式，组织高强度的陡坡扩帮剥离采矿流水施工，采剥施工的作业周期降为 4~5 天，平均每月下降 2~3 个台阶，改变了剥离严重滞后的局面，实现了剥离、采矿良性循环推进的目标。

10 大宝山矿地采转露天复采典型案例

10.1 大宝山矿概况

10.1.1 矿区开采技术条件

10.1.1.1 矿区位置

广东省大宝山矿业有限公司由原广东省大宝山矿转制而成。公司位于韶关市南约 22km 的曲江区沙溪镇境内，地理坐标为东经 113°41′52″，北纬 24°31′42″。矿山交通极为方便，国家主干线公路 106 国道与京珠高速公路从公司总部西侧约 1km 处通过，公司内部除自修公路外，还建有准轨铁路，并与京广线在马坝站接轨，准轨铁路内部设沙溪站和东华站，全长 17km。

矿区地形属岭南中高山地。矿床处于两条近南北走向的山脊之间的小型向斜盆地中，山岭呈南北走向，北高南低，海拔高度为 +300 ~ +1068.9m。东南方山脊标高为 +650 ~ +750m，西面大宝山山脊标高为 +800 ~ +1068.9m，盆地底部标高为 +620 ~ +635m。

矿区气候为亚热带气候，全年温暖多雨，年平均气温 20.2℃，夏季最高气温 33.8℃，冬季最低气温 –12.0℃，年平均降雨量 2206.7mm，年蒸发量为 1467.7mm。有暴雨时，小时最大降雨量达 38mm。矿区除 11 月、12 月和 1 月降雨量稍小外，其余月份月平均降雨量都在 100~200mm 以上。矿区春天阴湿多雾，夏秋凉爽，冬季有短期冰冻。区内常年主导风向为北风。

大宝山矿区地方经济以农林业为主。周边人口稀疏，主要村镇有沙溪镇及凡洞村（现已整体搬迁）。矿区内地表水系发育，但规模较小。主要水系有两条，即东侧的凡洞河和西侧的船肚河，凡洞河流量 11000m³/d，船肚河最大流量 70000m³/d，最小流量 4000m³/d，两条河流均汇入北江。

10.1.1.2 地层

矿区位于粤桂海西拗陷区的东侧，曲江盆地东南缘，大东山，即贵东东西向构造带与北东向北江断裂带的复合处。矿床类型按成矿地质条件和矿床产出空间位置，可分为上部风化淋滤型褐铁矿床、中部火山沉积，即热液改造型层状菱铁矿床、下部火山沉积，即热液改造型层状铜铅锌多金属矿床和西部斑岩型钼矿床。

矿区内出露的主要地层为中泥盆统东岗岑组和中下泥盆统桂头群。矿区外露的地层有：东侧的上泥盆统天子岭组和帽子峰组，西侧的下侏罗统兰塘群，北侧的寒武系浅变质岩。

（1）中下泥盆统桂头群（$D_{1-2}gt$）地层可分为上下两个亚群。上亚群底部为砾岩和沙砾岩，上部为粗砂岩、石英砂岩及长石石英砂岩。上亚群底部为砂砾岩，石英砂岩，粉砂岩，上部为绢云母页岩与粉砂岩互层。桂头群呈角度不整合覆盖于寒武系之上，与上复东岗岭组则呈连续过渡关系。地层总厚度1300m。

（2）中泥盆统东岗岭组（D_2d）地层为本区的主要含矿层位，可分为上下两个亚组：下亚组（D_2d^a）为一套浅海沉积的泥质灰岩、白云岩、钙质页岩、粉砂岩、热液沉积岩，含铜铅锌多金属矿层，其厚度120~160m。上亚组（D_2d^b）以中酸性火山碎屑岩为主，夹粉砂质页岩、泥岩、含黄铁矿层和菱铁矿层，其厚度60~100m。

10.1.1.3　地质构造

矿区内主要发育有两组构造带，即北北西向和北东东向。北北西向构造带包括褶皱和断裂。大宝山向斜位于矿区中部，轴向北北西，延长约2km。向南北两端渐趋开阔而过渡为单斜构造。向斜轴部由东岗岭组地层组成，东翼较陡（60°~70°）；西翼较缓（40°~50°）。本区主要铜硫矿体即赋存在此向斜之槽部。北北西向断裂十分发育，主要的有$F_a^1F_a^3$断裂，属成矿前的控矿构造。北东东向主要表现为成矿后的断裂构造，即F_c组断裂，它们破坏了矿体的完整性，如图10-1所示。

北东东向断裂为成矿后压扭性断裂，切断了北北西向断裂及矿体。

（1）褶皱：矿区为一向斜构造，位于大宝山与方山之间，轴向北北西，两翼由两列近南北的断裂所夹持，向斜向南翘起，向北倾伏。

（2）断层：矿区断裂构造比较发育，有北北西向（F_a），北北东向（F_b）及北东东向（F_c）三组断裂。其中北北西向断裂在成矿前形成，为控矿构造。

（3）节理：矿区主要发育有三组剪性节理，第一组节理走向近南北，与褶皱轴大致平行；第二组走向北东东，发育于大宝山流纹斑岩及花岗闪长斑岩体中；第三组走向北西西，也发育于大宝山流纹斑岩及花岗闪长斑岩中。

10.1.1.4　岩浆岩

本区岩浆活动有两期：一期是发生在华力西早期的海底火山喷发作用，形成东岗岭组地层中的中酸性火山碎屑岩和热液沉积岩；另一期是发生在燕山中晚期的浅成岩浆侵入活动，形成大宝山流纹斑岩体和花岗闪长斑岩体。岩浆活动末期有辉绿岩、霏细岩、粗玄武岩等岩脉侵入。喷出岩与正常沉积岩呈互层产出，是组成菱铁矿的主要围岩。侵入岩呈哑铃状分布在九曲岭-大宝山-徐屋-线和船肚至

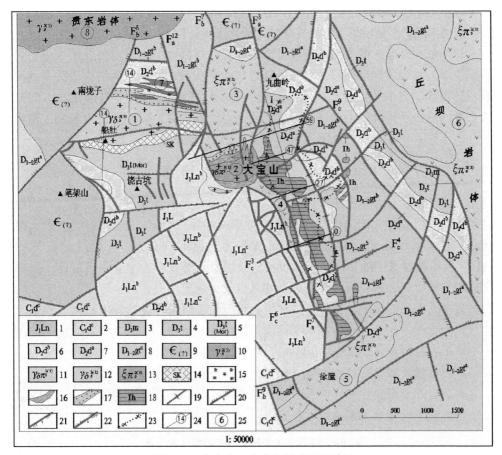

图 10-1 广东大宝山多金属矿区地质图

大宝山一带，全长 2~4km。两期岩浆活动，对本区多金属硫化物矿床的形成起到了重要的作用。

10.1.1.5 围岩蚀变

矿区范围内各类岩石普遍遭受不同程度的蚀变。与多金属矿床有关的主要为硅化、钾长石化和绢云母化蚀变，其次为透闪石—阳起石化、绿泥石化、矽卡岩化蚀变等。

10.1.2 矿床地质与岩石力学特征

10.1.2.1 矿区水文地质

大宝山矿区盆地汇水面积约 5km^2，是一近于封闭的含水弱的储水构造，与区域地下水无水力联系，矿区地形有利于地表水和地下水的排泄。矿区地表溪流较多，各溪流经矿区地段均为透水性弱的地层，入渗条件差，对矿坑充水影响不大。

矿体赋存标高一般在当地侵蚀基准面以上，矿区地下水以垂向补给为主，含水层主要为基岩风化带裂隙含水层，其透水性弱，富水性小，断裂构造发育地段岩石较破碎，裂隙较发育，透水性较强，有利于大气降雨和第四系孔隙水的补给。区内地表溪流流经地段，多为东岗岭上亚组隔水层，局部地段为灰层，但透水性弱，渗入条件差，与地下水水力联系不密切。

10.1.2.2　矿区岩石力学特征

分析矿区岩石力学性质可以看到，矿区出露地表从老到新有寒武系（t）、泥盆系中下统桂头群（$D_{1-2}gt$）、泥贫系中统东岗岭组（D_2d）、泥盆系上统天子岭组（D_3t）、帽子峰组（D_am）、侏罗系下统蓝塘群（$J_{11}n$）及第四纪沉积物（Q）。其中泥盆系中统东岗岭组泥质灰岩及生物碎屑灰岩为主要含矿层位。主要火成岩为流纹斑岩和花岗闪长斑岩，并见少量辉绿岩、粗玄武岩等岩脉。矿区围岩普遍遭受强烈的蚀变，主要有硅化、钾长石化、绢云母化、绿泥石化、矽卡岩化、角岩化等。矿岩主要物理力学性质包括：

矿石自然湿度：2.31%~5.44%，平均3.68%；

矿石松散系数：1.47~1.94，平均系数1.76；

矿岩自然安息角：硫化矿石自然安息角40°及灰岩自然安息角39°。

各类矿岩性质参见表10-1~表10-3。

表 10-1　矿区内 I 号铁矿体矿石组分含量表　　　　　（%）

矿石组分	TFe	Ca	Pb	Zn	As	S	P	SiO$_2$	Al$_2$O$_3$	Wo$_3$	Bi
一般含量	40~ 55	0.1~ 0.3	0.1~ 0.3	0.1~ 0.3	0.05~ 0.1	0.1~ 0.5	0.05~ 0.1	5~ 25	2~ 5	0.1~ 0.2	0.05~ 0.1
平均含量	48.21	0.227	0.074	0.123	0.269	0.393	0.075	11.19	4.56	0.147	0.057

表 10-2　各类矿岩的力学性质表

矿岩名称	抗压强度/MPa	抗剪强度/MPa	普氏系数 f
致密块状黄铁矿	171.52	5.0~10.89	17.5
致密块状磁黄铁矿	107.48~117.88	13.44~18.34	11.0~12.0
浸染状黄铁矿	84.5	119.0~153.0	8.5
浸染状磁黄铁矿	123.47	18.63	12.6
浸染块状铅锌矿	136.0	84.0~124.0	13.6
石灰岩	106.4	10.7	10.6

矿岩名称	抗压强度/MPa	抗剪强度/MPa	普氏系数 f
硅化灰岩	166.5	26.0	16.6
硅化石英砂岩	220.4	28.0	22.0
砂岩	103.1	—	10.3
页岩	33.0~138.0	—	0.14~3.3
流纹斑岩	116.0~154.8	306.0~439.0	11.6~15.5

表 10-3　铜硫矿石与铅锌矿石体重表　　　　　　　　(g/m^3)

矿石类型	矿石含硫量							
	5%~10%	10%~15%	15%~20%	20%~25%	25%~30%	30%~35%	35%~40%	40%~45%
铜硫矿石体重	3.0	3.1	3.3	3.5	3.7	4.1	—	
铅锌矿石体重	3.00	3.09	3.34	3.60	4.06	4.16	4.35	—

10.1.3　矿山开采沿革

大宝山矿床有 1000 多年的开采历史。从公元 999 年矿区胆水炼铜以来，宋、明、清朝均留下了古人的采冶遗迹。大宝山矿区资源大规模的开发利用始于 1958 年。为采选联合企业，采用平硐—溜井—窄轨—索道开拓，分别从 +630m、+420m 和 +315m 标高各掘进平硐，开采矿体，并在船肚建起一配套的铜硫选厂。

1960 年，冶金部批准大宝山多金属矿的初步设计。开拓运输系统方案为：露天采场——斜坡卷扬至 +640m，东口——电机车至 +640m，西口——斜坡卷扬至 +420m，平硐口——电机车道——斜坡储矿仓——装火车外运。+640m 平硐从凡洞穿山而过，为铁矿石运输咽喉工程。

1966~1969 年 7 月之间，建设规模及开拓方案进行变更，矿山建设规模为：年产铁矿石 230 万吨。开拓运输方案为：汽车——窄轨——索道，采矿场用汽车，+640m 水平用窄轨电机车，+640m 平硐以下到东华成品矿仓用索道。

1971 年 6 月，北采进行大爆破，并于 1975 年建成投产。至此，230 万吨/年的铁矿规模业已建成。至 1983 年底，矿山生产能力为：铁矿石 230 万吨/年，铜矿石采选综合能力 20 万吨/年，铜冶炼（含铜量计）800~1000 吨/年，其后，大宝山露天铁矿年产金属铁基本稳定在 80~90 万吨的规模。

对于 39~51 线露头铜矿，采用露天方式开采（其标高为 +800m~+680m 之间）。1993 年大宝山将 0 线以北的矿体进行规划性开采。首先将 37 线以北矿段作为铜硫矿体首采区（称北露采），并以 0~23 线矿段（称南露采）和 23~37 线矿段（称中露采）依次接替。1995 年，首先在 37~51 线，+590m 标高以上露天开采铜硫矿体，并形成 30 万吨/年的规模生产能力。

　　1997年3月，广东省大宝山矿业有限公司委托北京矿冶研究总院对标高+700m以下的铜硫矿体进行地下开采设计，于1997年底施工，1998年系统竣工投产。其设计采用分期建设原则，前期开采范围为+580～+700m标高，后期开采范围为+420～+580m标高。设计采用双斜井开拓运输方案，主斜井在开采矿段中央，沿35线布置，采用单箕斗带平衡锤提升工艺，担负矿石提升任务。副盲斜井布置在开采矿段侧翼，采用单钩串车提升工艺，井口设在+650m水平，以平硐与地表连通。盲副斜井与各中段采用甩车道连接，担负废石、副产的硫矿石、铅锌矿石、材料、设备的提升任务。通风系统：在矿段北翼37线附近设计一斜井作为出风井，由+650m平硐口进风，采用单一对角抽出式通风方式。排水系统采用集中排水，即在副盲斜井+570m中段井底车场附近设中央水泵房和水仓，各中段水集中流入中央水仓。采用一段排至+650m平硐流出地表。

　　为了确保矿山露天与地下联合开采顺利进行，将原来的凡洞分公司进行调整划分，成立铁矿分公司和铜业分公司，铁矿分公司进行露天开采铁矿；铜业分公司进行地下开采铜硫矿体。并与露天铁矿开采并行，构成露天与地下联合开采。

10.1.3.1　露天开采阶段

　　大宝山露天铁矿由6个矿体及坡积矿组成，A+B+C+D级储量10504万吨，其中Ⅰ号矿体9493万吨，占铁矿总储量的91.72%。Ⅰ号矿体出露于大宝山脊及东部山坡，呈不规则狭长状，沿北北西—南南东延伸，南至16线，北至55线，全长2280m，平均宽600m，出露面积0.909km²，出露标高+1014m，最低标高+636m。倾向北东东，倾角10°～30°，产状基本与地层一致，局部呈不规则透镜状。全铁含量为40%～55%，平均48.21%。富铁位于矿体的轴中心，边缘及尾端品位较低。矿区内水文地质简单。

　　依照露天矿设计说明书和设计修改说明书，大宝山露天矿开采台阶高度为12m，坡面角75°，清扫运输平台宽度10.5m，安全平台宽度4～8m，最小工作平台宽度40m，最终境界边坡角不同的岩石分别为35°、40°、43°。露天开采水平从+1015m开始，至最终闭坑标高+673m，沿垂高依次划分为+1015m、+1000m、+985m、+973m、+961m、+949m、+937m、+925m、+913m、+901m、+889m、+877m、+865m、+853m、+841m、+829m、+817m、+805m、+793m、+781m、+769m、+757m、+745m、+733m、+721m、+709m、+697m、+685m、+673m水平，共计29个平台。

　　露天开采设计生产能力为230万吨/年，实际生产能力为150～210万吨/年。2000年以后，铁矿产能逐渐萎缩，采剥总量约250万吨/年，采剥比为1:1。露天开采的起始层面为817m层面，工作的最低层面为733层面，设计开采的最低层面标高为 673m 层面，阶段高度为 12m。采用 ϕ200mm 潜孔钻机穿孔，4.6m³ 电铲采装，原矿经汽车运至斜坡道卸载，经破碎筛选和选矿车间处理后，粗粒级成品矿经 640m 平硐轻轨运输至索道装运站，转运至矿山专用铁路终点东华站装车外运，筛洗下的细粒级经强磁选回收一部分，其成品精矿拟经管道输送至东华脱水，装车外运，细泥尾矿排放至东北面的槽对坑拦泥库堆存。640m 平硐按 200 万吨/年能力建设，列车由 14t 架线式机车及 6t 侧卸式矿车组成，索道共建有 2 条，每条设计能力为 100 万吨。该平硐是目前大宝山露天开采矿石的主要运输通道。

铁矿石已开采 30 多年，形成了一套完善的、成熟的生产工艺系统及与之相适应的配套的辅助生产设施、生活福利设施等。到 2004 年末，保有铁矿石储量为 1481 万吨，服务年限还有 15 年。

10.1.3.2 地下开采阶段

由于从 20 世纪 80 年代初周边民采开始矿区滥采乱挖，为了保护资源，1997 年大宝山矿决定将铜硫矿的开采转为井下开采，设计能力为采选铜硫原矿 1000 吨/天，系统投产后，根据矿体的变化情况做了相应调整。自此，大宝山矿为露天井下联合开采，露天开采铁矿，井下开采铜硫矿。

井下分为南部、中部和北部矿区：0 线以南为南部矿区，0~47 线为中部矿区，47 线以北为北部矿区。经过多年的开采，处于露采场下部的南部、中部矿区，其主要矿体已基本开采结束。至 2005 年末，保有铜矿石储量为 2398 万吨。钼金属储量为 19t。随着露天采场开采台阶的下降，为了确保安全，井下南部、中部矿区已暂停作业。

根据矿体的开采技术条件，井下采用空场法开采，具体采矿方案有：留不规则矿柱的全面采矿法，留矿全面采矿法，间隔矿柱的房柱采矿法，分段矿房法，其中：

19~27 线区域主要采矿方法为全面采矿法；

27~35 线采区主要采矿方法为分段矿房法和房柱法；

37~45 线采区主要采矿方法为全面法，房柱法和分段矿房法；

45~51 线采矿区域主要采矿方法为房柱法。

民采掠夺性无序开采产生的井下采空区群给井下开采带来一系列安全隐患。采空区主要分布在 0 线~55 线。其中 39 线~49 线，25 线~31 线之间最为密集，且采空区面积较大。采空区的分布范围及其密集程度随着采矿中段作业的集中程度呈增加趋势，在局部区段多个中段采空区相互贯通，构成了大跨度、大高度采空区。

随采空区规模的扩大和相互贯通，顶板岩层受力状况发生变化，出现拉应力集中，多个空区已经出现矿柱片帮、顶板冒落现象，特别是民采遗弃的采空区周边矿柱出现明显的开裂破坏特征，局部地段采空区冒落大块重达数十吨。局部采空区的冒落片帮最终导致了大规模的地压灾害，先后于 2001 年 7 月 5 日、2004 年 6 月 12 日、2004 年 7 月 8 日至 9 日和 2004 年 11 月 27 日发生四次大的采空区冒落，波及数个中段，冒落一直贯穿到地表。由于大宝山矿采取了一定的预测预报措施，所幸未造成人员伤亡和重大设备的损失，但造成了冒落范围及其周边井下及露天生产的中断。

10.2　地采转露天复采阶段的总体介绍

10.2.1　露天复采规划设计与实施

从大宝山矿的历史沿革可以知道，首先是露采阶段，计划露采完毕再转入地下开采；后由于猖獗的盗采，北部的铜采场由露天开采转入地下开采，南部仍然进行露天开采，回收剩余铁矿资源，构成露天与地下联合开采局面。

随着上部铁矿资源的逐渐减少，加上发生于 2001 年 7 月 5 日和 2004 年的连续三次大的采空区冒落（6 月 12 日、7 月 8 日至 9 日、11 月 27 日），虽庆幸没有人员伤亡，但严重影响了井下铜硫矿开采和局部露天开采的安全。因此，大宝山矿被迫关停井下铜硫矿的开采，进行地下遗留采空区的灾害治理，以排除矿山重大安全隐患，同时逐步恢复北部铜采场的露天作业。随着大宝山矿南部的铁矿资源的逐渐枯竭，加上北部铜露天采场开采层面的下降，采空区的问题也日益突出，大宝山矿成为典型的危机矿山。

2009 年底，大宝山矿通过招投标引进广东宏大爆破公司（下称：宏大爆破）进行北部铜露天采场的合同采矿服务（宏大-大宝山一期工程），包括铜硫矿开采以及副产矿回收（包括铁矿、铅锌矿和低品位铜矿），南部仍由大宝山矿的自有设备进行剩余铁矿资源的开采。2010 年，宏大爆破本着"有疑必探、先探后进"的原则进行采空区的探测，并及时崩落爆破处理探测到的采空区，露天铜硫矿开采的强度逐渐加大，满足了大宝山矿 1000t/d 铜选厂的供矿强度和配矿质量要求，还堆存了 3~6 个月份的合格铜矿石，基本实现了危机矿山的转型。与此同时，大宝山按照《国土资源部关于贯彻落实全国矿产资源规划发展绿色矿业建设绿色矿山工作的指导意见》（国土资发〔2010〕119 号）文件要求，经矿山企业申请、省级国土资源主管部门推荐、专家评估及社会公示，大宝山矿成为为第二批国家级绿色矿山试点单位。

2010 年底，宏大爆破再次中标大宝山矿 2011—2012 年的铜露天采场的采剥任务（宏大-大宝山二期工程），继续保证了大宝山矿 1000t/d 铜选厂的供矿强度和配矿质量要求，同时回收了大量的低品位铜矿。在此过程中，大宝山矿一直在筹划 330 万吨/年铜硫矿大开发项目，进行大规模的地采转露天复采的规划与设计。2012 年 3 月 23 日，大宝山矿凭借资源储量等各方面优势，经国土资源部、财政部审核通过，正式列为全国首批 40 家、广东省唯一一家 "矿产资源综合利用示范基地"。

2012 年底，宏大爆破再次中标大宝山矿 330 万吨/年铜硫矿大开发项目的一期基建剥离工程（宏大-大宝山三期工程），工期为 2013—2015 年三年，其中 733m 水平以下由宏大爆破进行矿山施工总承包，733m 水平以上的部分剥离由宏大爆破钻爆，由十六冶挖运施工。施工期间，随着南部铁矿资源的枯竭，宏大爆破逐渐接手大宝山矿的南部露天开采区域，进行该区域的基建剥离和副产矿的回收（宏大大宝山三期+工程）。在施工的过程中，应业主要求回收采场的大量的副产矿，对大量的低品位铜硫矿进行堆存，供 330 万吨/年铜硫矿大开发项目投产后参与配矿。

2015 年底，宏大爆破再次中标大宝山矿的露天剥离和采矿工程，包括 330 万吨/年铜硫矿大开发项目基建剥离二期工程和铜选厂的采矿、供矿（宏大-大宝山四期工程），施工工期为 2016—2018 年三年。特别是在 2016 年以后，随着 330 万吨/年铜硫采选项目系统工程的建成和长期采矿权证的取得、以及历史遗留重大安全环保问题的全面破解，大宝山矿顺利从黑色铁矿向有色铜硫的跨越式转型，2018 年 1 月 31 日，按照《建设项目安全设施 "三同时" 监督管理办法》和《国家安全监管总局关于规范金属非金属矿山建设项目安全设施竣工验收工作的通知》规定，新 7000t/d 铜硫选厂安全设施进行了竣工验收。同年 3 月 14 日，大宝山矿召开 7000t/d 铜硫选厂扩产至 10000t/d 技术改造项目可行性研究报告审查会，专家组成员一致同意通过审查。

2018 年底，宏大爆破再次中标大宝山矿 2019—2021 年度的露天采矿与采空区治理合同（宏大-大宝山五期工程），确保年供矿能力在 330 万吨/年以上。2019 年 5 月 24 日，第二届（2019 年）绿色矿业发展大会在重庆召开，国土资源部原副部长汪民、自然资源部矿产资源保护监督司鞠建华司长等领导参会。会上，大宝山矿申报的《大宝山绿色矿山建设》项目评为绿色矿山科学技术奖，即重大工程类一等奖，标志公司基本实现了 "三步走" 战略的第二步，即在 2018—2020 年基本建成全国绿色矿山的典范，为公司稳步推进建设一流矿山，实现 "三步走" 战略的第三步打下坚实基础。

综上所述，大宝山矿作为危机矿山的转型升级过程，就是地采转露天复采的实施过程，同时也是宏大爆破与大宝山矿携手共进的过程，如图 10-2 所示，主要分三步，第一步是危机矿山的转型及之后的保持期，即维持 1000t/d 铜选厂的采矿供矿，时间为 2010—2013 年；第二步是转型升级的过渡期，包括大开发基建工程和 1000t/d 铜选厂的采矿供矿，主要为 2014—2017 年；第三步是转型升级

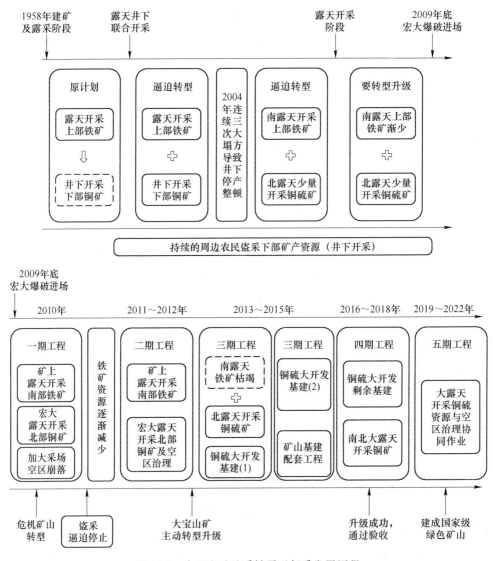

图 10-2　大宝山矿地采转露天复采发展历程

的生产期，保证 330 万吨/年铜硫矿的采矿、配矿和供矿工作，时间始于 2018 年。

10.2.2　露天复采实施流程及内容

考虑地下开采转露天复采进行矿产资源回收的历史不长，水文地质条件复杂，很多研究还不充分，现场总结的经验教训还不全面，需要工作过程中不断总结和完善。经过大量的调查研究分析，宏大爆破不断总结提炼矿山地采转露天复采的开采程式。

地采转露天复采的开采方法理论体系的核心包括两部分，一是地采转露天复采前的宏观露天采矿环境再造，二是地采转露天复采中的微观采场作业条件再造。地采转露天复采前的宏观露天采矿环境再造，主要是进行大型隐患空区的集中治理；地采转露天复采中的微观采场作业条件再造，主要是进行采场遗留的区域空区的治理，保障露天采矿作业人员和设备的安全。矿山地采转露天复采的开采程式的重点在于充分认识到以下几点：

（1）地采转露天复采矿山的生产经营，其基本前提是充分认识到矿山开采过程是"天使"与"魔鬼"共存、共舞的特性，需要对矿山开采状况进行调查分析，充分认识"天使"，即矿产资源，也要充分认识"魔鬼"，即采空区，才能知己知彼、百战不殆。

（2）矿山地采转露天复采的开采程式体系的核心在于宏观露天采场条件再造和微观采场作业条件再造，其中地采转露天复采前的宏观露天采矿环境再造，主要是进行大型隐患空区的集中治理；地采转露天复采中的微观采场作业条件再造，主要是进行采场遗留的区域空区的治理，保障露天采矿作业人员和设备的安全。

（3）地采转露天复采矿山的最终目的是回收矿产资源，采空区的治理是为露天采矿创造安全生产条件，包括宏观露天采矿环境再造和微观采场作业条件再造，进而通过采场区域空区治理与采矿协同作业的手段，提高回采率、降低贫化率、较少损失率，同时需要保障施工安全。

基于宏大爆破地采转露天复采的开采方法理论体系研究和近十年来的地采转露天复采施工的实践经验，总结分析认为矿山地采转露天复采作业，主要进行复采前的开采状况调查分析、宏观露天采矿环境再造、微观露天采矿条件再造、露天复采阶段的安全生产协同管理四个方面工作，可确保地采转露天复采的安全高效实施。

总之，地采转露天复采矿山的最终目的是回收矿产资源，采空区的治理是为露天采矿创造安全生产条件，通过采场区域空区治理与采矿协同作业的手段，提高回采率、降低贫化率、较少损失率，保障经济效益，确保施工安全。

10.3　复采前的地下开采状况调查分析

10.3.1　分析调查的内容及必要性

广东省大宝山矿地采转露天复采前的地下开采状况调查分析，主要包括矿产资源赋存状况的调查分析、采空区特征及分布的调查分析和近年来采空区塌方事例的调查分析。地采转露天复采矿山的生产经营，其基本前提是充分认识到矿山开采过程是"天使"与"魔鬼"共存、共舞的特性，故需要对矿山开采状况进行详细的调查分析，既充分认识"天使"矿产资源会带来的利益，也要充分认识"魔鬼"采空区可引发的陷阱。另外还要前事不忘，后事之师，调查分析采空区塌方事例，总结经验教训对后续地采转露天复采矿山的组织和施工也大有裨益。

地采转露天复采矿山，其"天使"所指的矿产资源，已经遭受了人为地下开采的破坏，导致"天使"受伤、并不完美，但"天使"的魅力需要人为的二次挖掘，即借助市场条件改善和技术条件进步，让受伤的天使，即遭破坏的矿产资源，又具备了露天开采的价值。但是，地采转露天复采矿山的开采，不能只顾"天使"，即矿产资源的经济价值，不顾"魔鬼"，即遗留地下采空区的危害，否则得不偿失，极易发生大规模的矿山地质灾害事故和安全生产事故，使地采转露天复采丧失社会效益和经济效益。

露天复采前，因采空区治理的经济合理性、技术可行性和施工安全性评估的制约，难以做到一次治理全部采空区之后再进行露天开采。因此地采转露天复采矿山，需要根据采区的形成、特性、危害和影响不同，采取针对性的措施将魔鬼关进笼子里面，有序、安全开采有价值的矿产资源。根据危害程度不同，可将采空区分为两类，（1）对矿区及其周边有较大规模危害的采空区，可能威胁到矿区的整体稳定和宏观露天开采条件，就必须预先治理后方可转入露天复采；（2）对采场局部有影响的采空区，可以在露天剥离和采矿施工的演变过程中适时进行治理，提高对地下采空区治理的经济合理性和技术可行性。

采空区的治理，首先需要对大型隐患空区进行集中处理，尤其是大空区和空区群，实现宏观露天采矿环境再造，确保矿山的宏观地质环境安全稳定，即人员和设备进入采场后不发生较大规模的矿山地质灾害。宏观露天采矿环境再造以后，方可组织边露天复采作业，边治理遗留的区域采空区，保证露天采场作业的每一个人员、每一台设备的安全，最终实现采场空区治理与露天采矿施工的协同作业。

综上所述，露天复采前的地采开采状况调查分析工作十分重要，此是地采转露天复采矿山一切工作开展的前提和基础。如果地下矿产资源不具备露天复采的经济价值，露天复采将失去意义；如果露天复采施工的安全性得不到保证，露天复采将得不偿失。

10.3.2　资源赋存状况的调查分析

广东省大宝山矿是一座具有千年开采冶炼史的大型多金属矿山，是南岭成矿带的主要组成部分，蕴藏有铁、铜、硫、铅、锌、钼、钨等矿产资源，资源丰富且可综合利用伴生矿多。据史料记载，早在公元999年，这里便兴起炼铜业，宋朝咸平年间，是当时朝廷最大的铜开采和冶炼基地，"有工匠十余万人，年产铜百余万斤"，被称为"岑水铜场"。

尽管经历了地下开采，但经矿产资源补充勘探分析，采矿权范围内仍保有铜金属量 40 万吨、钼 35 万吨、钨金属量 5 万吨、铅锌 21 万吨、硫矿石 1900 万吨、铁矿石 206 万吨，同时槽对坑尾矿库还有铜硫资源 500 万吨、铁尾矿资源 1300 多万吨，按现行资源价格估算，潜在经济价值在 1000 亿元以上。

另据国内外地质专家的多次现场勘探估测，探矿权范围内还存在储量很大的矿产资源，找矿前景十分乐观。2012 年，大宝山矿凭借资源储量等各方面优势，经国土资源部、财政部审核通过，正式列为全国首批 40 家、广东省唯一一家"矿产资源综合利用示范基地"。

总之，大宝山矿区地下矿产资源丰富，经济价值巨大，经充分论证和分析，大宝山矿开始筹划地采转露天复采工作，彻底进行矿山的转型升级、扩大产能，建设现代化的一流多金属矿山。

10.3.3 采空区特征及分布的调查分析

10.3.3.1 采空区分布情况

大宝山矿的中部矿区为民采和公司主要采矿范围，是调查分析的重点区域，开采深度从 430m 至 750m，主要采矿方法为空场法和干式充填法。采矿范围主要集中在 19 线~47 线之间，19 线~27 线的 430~560m、27 线~33 线的 450~640m、37 线~47 线的 540~720m 三个位置，空区大致可归纳为 Ⅰ-Ⅸ 号九个采空区群，其中 Ⅱ、Ⅵ 已进行充填，Ⅴ、Ⅶ、Ⅷ 自然崩落至地表，Ⅲ、Ⅳ 当时采矿尚未结束，Ⅸ 为民采老窿。

北部矿区为公司开发范围，当时正处于开拓阶段，计划开采深度为 450~630m；本范围内民采破坏较小，仅在 57_2 线~59_2 线 591~673m 有较小的民窿。

经现场调查，井下 Ⅰ~Ⅸ 采空区总体积约为 181.05 万立方米，其中 Ⅱ、Ⅵ 等空区充填体积约为 39.8 万立方米，2004 年三次大塌方填实空区体积 83.1 万立方米，现存空区体积 58.15 万立方米，见表 10-4 所示。

表 10-4 井下主要采空区情况一览表（2004 年）

编号	原体积/万立方米	充填或崩落体积/万立方米	剩余体积/万立方米	采取措施
Ⅰ	5	1.5	3.5	充填
Ⅱ	23.03	18.4	4.6	继续充填
Ⅲ	12.8	2.4	10.4	封闭

编号	原体积/万立方米	充填或崩落体积/万立方米	剩余体积/万立方米	采取措施
Ⅳ	14	6.5	7.5	充填
Ⅴ	50.3	40.5	9.8	封闭
Ⅵ	12.8	10.5	2.3	封闭
Ⅶ	36	23.2	12.8	封闭和充填
Ⅷ	26	19.4	6.8	封闭和充填
Ⅸ	0.95	0.5	0.45	主巷改道
合计	181.05	122.95	58.15	

10.3.3.2 原采空区分布状态及特征

A 1号采空区群

1号采空区群位于北部矿区 $57_2 \sim 59_2$ 之间,坐标 X:71050~71150m、Y:18550~18650m、Z:591~673m。采空区长 30~60m、宽 10~30m、高 40m,空区平面投影面积最大 2800m²,总体积约 5 万立方米。经过 2006 年采空区治理后,剩余体积 3.5 万立方米,空区群由 591~617m、617~650m、650~673m 三层空区组成,层间距 5~8m,空区走向 340°、倾向 70°、倾角 30°~45°。空区本身(591~673m)处于 D_2d^a 地层之中。矿石主要由黄铁矿型铜矿石和黄铁矿组成,相互层状叠加,厚度 40m 左右,矿体走向 340°、倾向 70°、倾角 30°~45°。黄铁矿型铜矿石呈块状,较稳固;黄铁矿为细粒状和粉状,不稳固。空区上部岩层为 D_2d^b,厚度 20m 左右;地表层 Q,厚度 15m 左右,均由极不稳固的岩石和表土构成,产状与矿体基本一致。空区下部为燕山期次英安斑岩,岩石稳固。

根据采空区分布和地质情况调查分析,该空区存在下列危险性:空区为空场法回采,未进行采空区充填,空区顶板距不稳定的 D_2d^b 层只有 5~10m,距地表仅 40m;如果继续露天开采,破坏了顶板 D_2d^a 保护层,空区则有可能塌至地表,危及 617 通风设施的安全;591m 采场顶板厚仅 6~8m,如不及时充填,长期裸露,可能导致坍塌,破坏 617m 中段通风巷道。

B 2号采空区群

2号采空区群位于北部矿区 47~51 线之间,坐标 X:71250~71400m、Y:18300~18500m、Z:500~669.5m 之间。采空区长 50~130m、宽 15~70m,各中段采空区面积 300~4600m² 不等,体积 17.43 万立方米。空区以 530~610m 大空区为轴心,周围分布有大小不等的小空区。其中 530~610m 大空区(4号)为直立的球形大空区,大空区北侧 530~560m 紧连着两个长方体形状的空区(5号和

6号）。此三个空区有一个失稳，都会使其中间矿柱破坏，造成其他两个空区的连锁反应，使整个空区群塌陷。北部矿区47~51线采空区对应地表 X：71250~71400m，Y：18280~18460m 之间的铜采闭坑采场之内。此范围东边100m为东线公路，南部200m以外为2号副井和铜选厂，西面为铜采临时边坡，北面为自然山地。其中47~49线铜采闭坑采场允许陷落，但陷落过大对东线公路和铜采场临时边坡有一定的影响。

2-4号采空区原为厚大的高硫高铜矿体，整个采空区最大长度130m，空区方向南北，最大宽度70m，高80m，采场倾角80°~90°。采空区顶板铜矿基本采完，估计已到断层位置。底板为高硫矿，大部分没有开采。空区顶板岩层为 D_2d^a，多为灰岩，走向162°，倾角72°~82°，岩石节理、裂隙不发育，硬度系数 $f=10$~12，稳定性好。空区底板为硫矿层，走向162°，倾向72°，倾角20°~45°，硫矿石本身为粉状，细颗粒状结构，硬度系数 $f=6$~8，不够稳固。空区北部岩层为 D_2d^a，较为稳定，南部为硫矿层，稳定性较差，矿岩性质同上。

2-5号采空区原为层状铜硫矿体，空区长65m，走向340°，倾向60°，倾角76°~86°，宽20m，高15m。此采空区为民采空区，只是回采了矿体中的高品位铜矿石。空区顶板岩层为 D_2d^a，走向150°~160°，倾向60°~70°，倾角0°，硬度系数 $f=8$~10，围岩蚀变严重，含绿泥石、绢云母，节理十分发育，不稳固。空区底板为铜硫矿石，每层2~4m，互相交替，其中铜矿石硬度系数 $f=8$~10，稳定性较好。走向150°~160°、倾向60°~70、倾角15°~20°。硫矿石产状与铜矿相同，矿石呈松软粉状、颗粒状结构，硬度系数 $f=6$~8，不稳固。

2-6号采空区原为层状高铜矿体，采区长65m、走向340°、倾向60°、倾角70°。空区宽度30m，高度16.5m。采空区顶板为低硫矿，走向155°、倾向65°、倾角33°、矿石为粗粒状结构，硬度系数 $f=8$~10，较为稳固。采场底板为高品位硫矿石，走向155°、倾向65°、倾角33°、矿石为粉状，颗粒状结构，硬度系数 $f=6$~8，不够稳固。此空区经化工部长沙设计研究院设计，有色长沙劳保院组织方案专家评审，公司已于2006年10月将此空区基本充填完，完成充填量20万立方米，现存空区量3万立方米。

C 3号采空区群

3号采空区群位于中部矿区 43_2~47_2 之间，坐标 X：71050~71150m、Y：18050~18250m、Z：640~720m。采空区长30~90m、宽15~30m、高80m，平面投影最大面积4000m²，空区体积约12.8万立方米。空区走向160°左右，倾向70°，倾角45°，空区分640~650m、650~673m、673~710m三层，层间局部连通，间距5~10m。空区本身位于 D_2d^a 岩层之中，空区南侧靠紧 Fc1 大宝山横断层（43线），上部673m以上主要以磁黄铁矿型铜硫矿石为主、稳固，640~673m以黄铁矿型铜矿石和硫矿为主、不稳固，矿石顶板多为不稳固的、风化严重的砂页岩，易片帮冒顶，极不稳固，底板为较稳固的灰岩。矿岩走向160°左右，倾向70°，倾角0°~25°。

空区经多年开采，未进行过充填，其中650~43线顶板出现过局部垮塌。目前673m以上矿体回采尚未结束，如继续采用空场法回采，将会导致片帮、冒顶甚至整体垮塌，最具危险地点为650~43线顶板、673~7₂线顶板。经过局部充填和部分空区崩落后，截至2006年，该空区群剩余体积为10.4万立方米，矿山目前采用封闭方式对采空区进行了封闭处理。

D　4号采空区群

4号采空区群位于中部矿区和北部矿区交界的45₂~49线，X：71150~71260m、Y：18250~18320m、Z：480~610m。采空区长40~70m、宽20~60m、高130m，空区平面投影最大面积6300m²；空区体积约14万立方米。采空区群呈上大下小的倒锤形，南东倾角为90°，北西倾角45°以480~540m空区为主体，上部间断分布有540~560m，570~610m两层多个空区。

空区处在D₂dª地层之中，空区下部为空区下部λπγ1为燕山期次英安斑岩，岩石稳固。周围无影响空区稳定性的断层，Fc1大宝山横断层在空区南侧，相距甚远，对空区稳定性不起作用。空区周围矿石以含硫较高的黄铁矿型铜硫矿石为主，并夹杂有多层高品位的硫铁矿，矿体倾向北西—南东，倾角30°左右，矿体分上下两层，厚度分别约为30m和20m，铜矿石本身较为稳固，硫矿石多呈细粒状和粉状不稳固，围岩较为复杂，有稳固的灰岩，也有不稳固的粉砂岩和炭质页岩。

在回采过程中，采空区540~570mm之间曾进行过部分充填，在空区停止作业近两年的2006年5月，空区570m以上顶板出现过垮塌，垮塌废石充满570m采空区，因540~570m之间充填层的缓冲作用，暂未对570m以下空区构成威胁。

本采空区480~540m之间已基本连通，层间间距较小，极不稳固，540~560m空区也只是部分充填，560~570m之间间距较小，且上下间距对应程度较差，极有可能因矿柱破坏发生大规模的塌陷，影响到470~570m各中段的生产安全。经过局部充填和部分空区崩落后，截至2006年，该空区群剩余体积为7万立方米，矿山采用封闭方式对采空区进行了封闭处理。

E　5号采空区群

5号采空区群位于中部矿区39~45线之间，坐标X：71050~71300m、Y：18000~18200m、Z：540~750m（地表）。采空区长30~120m、宽20~30m、高210，平面投影最大面积13000m²；空区体积约50.3万立方米；空区呈锤形，其中673和650中段面积最大。此空区于2004年11月27日自然崩落至地表，塌方区总体积约为286万立方米、空区已基本塌满。空区本身处在D₂dª岩层之中，

上部为 D_2d^b 岩层，D_2d^b 最低位置 39 线为 690m，下部 $\lambda\pi y1$ 为燕山期次英安斑岩周围无影响空区稳定性的断层，矿石下部以黄铁矿型铜硫矿石为主，与硫铁矿互层，不稳固；上部以磁黄铁矿型铜硫矿石为主、稳固；矿体走向南北，呈水平产出；空区东侧围岩以灰岩为主、稳固，西侧顶部靠近 D_2d^b 层的岩石，为风化严重的砂页岩，极不稳固。

此空区于 2004 年 11 月 27 日自然崩落至地表；崩落致使铁矿采场沉陷，铜采边坡开裂，后期坑 600m 中段、673m 中段、2 号主井及 3 号主井，北部停产，但塌陷未造成人员伤亡，未破坏主要中段的开拓巷道。

F 6 号采空区群

6 号采空区群位于中部矿区 33_2~37 线之间，坐标 X：71200~71300m、Y：17850~17950m、Z：591~720m。采空区长 25~95m、宽 15~25m、高 60m，采空区平面投影面积最大 5800m²；总体积约 12.8 万立方米，经过局部充填和部分空区崩落后，截至 2006 年，该空区群剩余体积为 2.3 万立方米，矿山对剩余采空区进行了封闭处理。空区主要由 591~610m、610~635m、650~710m 三层多个空区组成，空区下大上小，面积最大在 630m 平面，空区倾向东南。

空区本身处在 D_2d^a 地层之中，上盘为 D_2d^b 地层，与空区相距 15~40m 不等，下盘为 $D_{1-2}g^t$ 地层，空区西侧（靠上盘）矿石主要为磁黄铁矿型铜硫矿石、稳固，东侧（靠下盘）主要为黄铁矿型铜矿石，含硫高、不稳固，上盘围岩主要为灰岩、稳固，下盘围岩为砂页岩，风化严重、易片帮、不稳固。

此空区回采后，591~630m 地段和 650~678m 范围大部分已采用干式充填，对 2 号主井——650m 主巷和 640m 平峒起到了保护作用；V 号采空区和Ⅶ号采空区的塌方均没有影响到这个范围就证实了这一点。但是空区 686~720m 部分没有及时充填，顶板距地表-铜采边坡很近，有可能塌至地表，即使无大的危害，也要加以防范。

G 7 号采空区群

7 号采空区群位于中部矿区 31_2~27 线之间，坐标 X：71200~71400m、Y：17650~17870m、Z：570~750m。采空区长 30~160m、宽 20~60m、高 180m，空区平面投影最大面积 8200m²；空区体积约为 36 万立方米。空区为柱形，分成 570~591m、591~620m、630~640m 三层，局部地方相互连通。此空区于 2004 年 7 月 9 日自然崩落至地表，塌方区总体积约为 140 万立方米，采空区已基本塌满。

空区本身处在 D_2d^a 岩层之中，紧挨着上部 D_2d^b 岩层；D_2d^b 岩层与 D_2d^a 之间的断层带——Fa4 断层对其起控制作用，在空区的西侧将 E_1 与 W_1 分开。空区上部和西侧靠近 Fa4 断层位置主要以黄铁矿型铜矿石和高品位硫矿石为主，矿石为细粒状和粉状，极不稳固，下部及空区东侧以磁黄铁矿型铜矿石为主，块状，较稳固；开拓期间，650m 中段和 610m 中段，主巷曾以钢筋混凝土支护，都因地压太大而破坏，无法穿过此岩层；空区东侧岩石则以灰岩为主，整体性好、稳固。

空区大部分已于 2004 年 7 月 9 日垮塌至铁矿地表，塌方导致 570m 中段以上各采场封闭，但没有引起人员伤亡和主要开拓巷道的破坏。此空区塌方以后，570m 中段以上停止了所有的采掘生产，封闭了塌方区连通各井巷的出口，并预留好空区的排水口。经两年的观察，塌方区已逐步稳定，650m 西部主巷和 570m 主巷没有发生变形、裂隙和破坏现象。

H　8 号采空区群

8 号采空区群位于中部矿区 23～29 线之间，坐标 X：71300～71400m、Y：17550～17700m、Z：430～570m。采空区长 25～85m、宽 15～40m、高 140m，空区平面投影最大面积 7100m^2；空区体积约 26 万立方米。空区呈柱状，主要分为 430～480m、480～500m、519～542m、542～570m 几层，中间局部联通，顶底柱 5～10m，不连续，对应性很差。此空区于 2004 年 6 月 12 日自然崩落至地表，塌方区总体积约为 85 万立方米，采空区基本塌实。

空区处在 D_2d^a 岩层之中，主要控制构造为西侧的 Fa4 断层；空区上部和东侧 519～560m 矿体主要为磁黄铁矿型铜矿石，水平产出，呈块状、稳固；空区下部 Fa4，西侧矿体主要为高硫品位的铜矿石，粒状、松散、不稳固，Fa4 断层带为砂页岩、炭质页岩或粉砂岩等，破碎、极不稳固，西侧为灰岩、稳固。

此空区已于 2004 年 6 月 12 日垮塌，塌方区与上部 7 号空区垮塌相连、直达地表，空区垮塌导致 542m、470m、430m 各中段 27～23 线地段全面停产，570-1 号采空区遭破坏，并危及上部 7 号空区的安全，导致 7 号空区后来的塌方。塌方后，封闭了空区通往各中段的出口，井下临时排水系统移位正常运行。

垮塌后停产两年来，空区已逐趋稳定，空区附近主巷未再出现变形、开裂和破坏等现象。

I　9 号采空区群

9 号采空区群位于中部矿区 19 线附近，X：71430～71450m；Y：17420～17450m、Z：500～570m。采空区长 10～25m、宽 8～15m、高 70m，空区平面投影最大面积 450m^2；空区体积约 0.95 万立方米，经过主巷改道后，对部分空区进行了封闭隔离，剩余采空区体积约为 0.45 万立方米。空区由 500～519m、540～570m 两层构成，下大上小呈倒锤形。

空区处在 D_2d^a 岩层之，上部 595m 以上为 D_2d^b 岩层，矿体赋存在 Fa4 和 Fc2 两断层相交位置，西侧为 Fa4 断层，南侧为 Fc2 断层；矿石主要为高硫铜矿石或硫矿石，呈粒状和粉状，极不稳固，东北侧围岩为灰岩、稳固，西南侧为 Fa4 和 Fc2 断层破碎带或充填物，成分复杂、极不稳固。

此空区为民采留下，民采过后，很多巷道已经封闭或垮塌，空区资料不详细，500m 主巷道从底部穿过时出现垮塌，不得已而改道。此空区附近铜硫品位很高，但岩性极差、且含水，民窿积水位置不清楚，如果继续盲目开采，极有可能沿着西南侧断层发生塌方和穿水事故。

10.3.3.3 大规模露天复采前的空区普查核实

宏大爆破进入大宝山矿履行露天复采合同采矿的初期，针对大宝山矿地采转露天复采施工中作业的铜露天采场范围及其影响区域的不同中段存在采空区逐一进行普查核实，进一步分析其安全稳定性及对露天采剥作业的影响，制定采空区治理工作计划，做到采场区域空区治理与采矿施工协同作业，减少和避免地下遗留采空区对露天采剥作业的不利影响。具体普查核实情况如下：

（1）730m 中段

730m 中段采空区普查核实情况如表 10-5 所示。

表 10-5 730m 中段采空区普查核实表

空区编号	空区描述	工作计划	现场施工信息记录
730-1	中心位于（71053m，18252m），距离开采境界 30m 左右	境界外，暂不考虑	设计变更后，该空区仍处在开采境界之外
730-2	中心位于（71134m，18273m），半径 3.5m，面积 32m^2，空区顶板 742m，底板 734m，高度 8m	目前地表标高 773.4m，计划 757m 平台钻探，暂定钻孔深度 20m	因开采至 757m 平台，对此空区可不予考虑
730-3	中心位于（71169m，18273m）面积 132m^3，空区顶板 754m，底板 734m，高度 20m	目前地表标高 668～770m，需要测量人员标注	实地高程 768～770m，目前没有必要布置探孔，待爆破施工即将进行至此，工作面清理时布置探孔，探孔深度 30～35m
730-4	中心位于（71163m，18107m），面积 1434m^2，空区顶板 752～766m，底板 744m，高度 8～22m	已经揭露	
730-5	中心位于（76201m，18076m），面积 264m^2，空区顶板 751m，底板 744m，高度 8～22m	已经揭露	

（2）710m 中段

710m 中段采空区普查核实情况如表 10-6 所示。

表 10-6　710m 中段采空区普查核实表

空区编号	空区描述	工作计划	现场施工信息记录
710-1	中心位于（71053m，18252m），面积 34m², 空区顶板 717m，底板 710m，高度 7m	已经揭露	
710-2	中心位于（71162m，18012m），半径 8m，面积 222m²，空区顶板 716m，底板 712m，高度 4m	目前地表标高上坎线 726m，下坎线 720m，根据现场测量放线标识，注意施工安全	已打探孔，表明空区已被充填完毕
710-3	中心位于（71177m，18107m），半径 11m，面积 430m²，空区顶板 716.3m，底板 711.3m，高度 5m	目前地表标高 740m，计划 725m 平台钻探，暂定钻孔深度 14m；根据现场测量放线标识，注意施工安全	
710-4	中心位于（71123m，18120m），空区面积 5074m²，空区顶板 714～724m，底板 710～712.2m，高度 4m、16m、16.2m	目前地表标高台阶上坎线 756m，台阶下坎线 741m，因空区面积很大且高度高，施工前要标明位置，根据不同高度确定钻探孔。首先于 745m 平台钻一个探孔，深度 25m；其后按照爆区推进钻探孔，每个炮区 1～2 个孔，钻孔过程中记录钻孔情况	
710-5	中心位于（71011m，18191m），距离开采境界 57m 左右	境界外，暂不考虑	
710-6	中心位于（71045m，18328m），距离开采境界 53m 左右	境界外，暂不考虑	
710-7	中心位于（71003m，18333m），距离开采境界 90m 左右	境界外，暂不考虑	
710-8	中心位于（70978m，18300m），距离开采境界 100m 左右	境界外，暂不考虑	

（3）700m 中段

700m 中段采空区普查核实情况如表 10-7 所示。

表 10-7　700m 中段采空区普查核实表

空区编号	空区描述	工作计划	现场施工信息记录
700-1	中心位于（71402m，17907m），距离开采界 93m 左右	6 号采空区群，境界外，位于现在的 709m 平台西南侧的一半；规划道路避开采空区	已被揭露
700-2	中心位于（71349m，17918m），距离开采境界 10m 左右		已被揭露
700-3	中心位于（71333m，17917m），距离开采境界 42m 左右		
700-4	中心位于（71284m，18005m），空区面积 676m²，空区顶板 710m，底板 686m，高度 24m	目前地表标高 707m，空区已经揭露，该爆区钻孔时，需要记录中心区钻孔情况，以便判别空区情况	可能存在空区未被完全充填
700-5	中心位于（71212m，18024m），空区面积 3991m²，空区顶板 710~714m，底板 686~702m，高度最高的为 25.3m，最低 8m	目前 709m 平台采矿位置，沿着矿脉方向；在自然塌落范围内，空区跨越了 709~726m 平台，709m 标高处的空区已经揭露。需要在 709m 平台钻孔，并记录钻孔情况（岩石密实还是破碎带）	
700-6	中心位于（71122m，18074m），空区面积 2600m²，空区顶板 707~719.4m，底板 702~704.4m，高度最高的为 15m，最低 5m	目前地表标高台阶上坎线 740m，台阶下坎线 725m，计划 25m 平台钻探，暂定钻孔深度 25m；挖装作业时标识，及时进行钻探	
700-7	中心位于（71128m，18154m），空区面积 1496m²，空区顶板 710.4m 和 712.5m，底板 702.9m 和 695m，高度分别为 7.5m 和 17.5m	空区跨越了 774m、757m 和 745m 平台，计划 725m 平台钻探，暂定钻孔深度 25m，挖装作业时标识	
700-8	中心位于（71106m，18230m），半径约 12m，空区面积 877m²，空区顶板 719.2m，底板 698.2m，高度 21m	目前地表标高为 775m，在设计修改境界 745m 平台边坡爆破时可从侧边揭露	
700-9	中心位于（71144m，18182m），距离开采境界 55m 左右	境界外，暂不考虑	

空区编号	空区描述	工作计划	现场施工信息记录
700-10	中心位于（71044m，18140m），距离开采境界 42m 左右	境界外，暂不考虑	
700-11	中心位于（71018m，18182m），距离开采境界 52m 左右	境界外，暂不考虑	

（4）686m 中段

686m 中段普查核实情况如表 10-8 所示。

表 10-8   686m 中段普查核实表

空区编号	空区描述	工作计划	现场施工信息记录
686-1	此空区在开采境界内的面积约 1325m²，开采境界内的空区中心位于（71303m，18010m），空区顶板 692m、703.4m、711m，底板 686m、687.4m，高度分别为 6m、16m 和 25m	境界外，暂不考虑。境界内的目前标高为 706m，空区已塌落	
686-2	中心位于（71301m，17949m），半径约 4m，面积 155m²，空区顶板 705m，底板 686m，高度 19m，距离开采境界约 16m	境界外，暂不考虑	
686-3	中心位于（71044m，18014m），面积 166m²，空区顶板 694m，底板 688.7m，高度 5.3m	目前地表标高为 709m，计划 709m 平台钻探，暂定钻孔深度 20m	
686-4	中心位于（71284m，18005m），空区面积 539m²，空区顶板 693m，底板 686.2m，高度 6.8m	目前地表标高为 710m，计划 709m 平台钻探，暂定钻孔深度 20m	
686-5	中心位于（71204m，18021m），空区面积 2345m²，空区顶板 716.8m、696m、702m，底板 688～690.2m，高度分别为 28m、4.5m、6m、12m	此空区跨越了 725m、721m、711m 平台	
686-6	中心位于（71211m，18073m），空区面积 1125m²，空区顶板 699.4m、697m，底板 689.4m，高度分别为 10m 和 7.4m	空区只有空区边部处在开采台阶上，目前地表标高 725m，出现冒顶，塌方现象，暂不考虑	
686-7	中心位于（71139m，18046m），空区面积 2041m²，空区顶板 697m、693.5m 和 705m，底板 789m 和 686m，高度分别为 8m、7m 和 19m	目前地表标高台阶上坎线 740m，台阶下坎线 727m，计划 709m 平台钻探，暂定钻孔深度 20m	

续表 10-8

空区编号	空区描述	工作计划	现场施工信息记录
686-8	中心位于 (71082m, 17914m), 空区面积 317m², 空区顶板 700.8m, 底板 690.3m, 高度 10.5m	目前标高为 732m, 距开采境界边上, 但在设计修改线内, 暂不考虑	
686-9	中心位于 (71150m, 18155m), 空区面积 317m², 空区顶板 699.3m, 底板 689.5m, 高度 9.8m	目前标高为 756m, 计划 709m 平台钻探, 暂定钻孔深度 20m	
686-10	中心位于 (71046m, 18104m), 距离开采境界 21m 左右, 但在设计修改线边上	境界外, 暂不考虑	

以上关于大宝山矿近期作业的铜露天采场范围及其影响区域的采空区的普查核实说明, 宏观露天采矿环境再造——地采转露天复采前对大型隐患空区进行集中治理以后, 还要本着"有疑必探, 先探后进"的原则进行空区超前探测和及时处理, 实现微观采场作业条件再造, 才能实现空区治理与露天采剥施工协同作业, 确保露天复采施工安全高效, 是成功实现地采转露天复采的保障。

10.3.4 近年来采空区塌方事例的调查分析

10.3.4.1 采空区坍塌事故

前事不忘, 后事之师。除了 2001 年 7 月 5 日的首次采场塌陷, 大宝山矿又分别于 2004 年 6 月 12 日、2004 年 7 月 9 日和 2004 年 11 月 27 日连续发生了三次大的空区坍塌事件 (Ⅷ号、Ⅶ号和Ⅴ号采空区), 三次塌方量大约为 23.4 万立方米、181.78 万立方米和 28.2 万立方米, 所幸的是没有造成人员伤亡和大的设备损失。

A "6·12" 大塌方事故

2004 年 6 月 12 日上午 8 点 15 分左右, 在副井 458m、470m、485m 三个中段 $23_2 \sim 27_2$ 线范围发生采空区冒落引起的塌陷事故 (Ⅷ号采空区), 几个中段先后贯穿, 发生大塌方事故。下午 3 点 15 分左右, 570~500m 盲斜井大约在 540m 标高处井筒坍塌。并由此引起小范围的地震, 在当日 12 点左右、6 月 13 日 22 点左右、6 月 14 日 10 点 50 分左右, 在同一区域由于余震陆续发生小规模冒落。6 月 17 日 10 点 30 分左右, 570~500m 盲斜井再次塌方, 将 6kV 主电缆压断, 造成副井深部不能排水。

此次大塌方的中段主要有 458m、470m、485m、500m、542m。塌方垂直高度高达 84m。在 470m 中段, 冒落长度在东西方向平均 90m, 南北方向平均 120m; 在 485m 中段, 冒落长度在东西方向平均 80m, 南北方向平均 120m; 在

500m 中段，冒落长度在东西方向平均 48m，南北方向平均 90m。在 25_2 勘探线剖面上，冒落高度最高达 67m，在 27 勘探线剖面上，冒落高度最高达 60m。整个冒落体可近似一个圆锥体，冒落量达到 23.40 万立方米。

B "7·9" 大塌方事故

2004 年 7 月 8 日，3 号主井单元 562m、570m、591m 三个中段由于出现顶板掉渣现象。7 月 9 日 3 点左右，562m、570m、591m、610m 几个中段先后冒落，发生大塌方事故（Ⅶ号采空区）。此后，在主井大塌方区域内及周边区域，由于余震以及应力的重新分布，陆续发生小规模垮塌。

此次大塌方井下直接影响的主要有 560m、570m、591m、610m 四个中段，北采 745m 层面冒落，757m 层面出现裂缝。冒落的块石将 542m 整个中段的空区充满。冒落从 560m 中段至 745m 层面，垂直高度达 183m。570m 中段塌方范围为 $25_2 \sim 29_2$ 线，东西方向冒落长度平均 65m，南北方向冒落长度平均 118m（570m 中段冒落面积与 5 号盲斜井 560m 中段大致相等）；591m 中段冒落范围为 $27_2 \sim 31_2$ 线（冒落在水平方向分南北两个冒落区，呈不连续状），东西方向冒落长度平均 80m，南北方向冒落长度平均 125m；在 610m 中段，冒落范围在 $29_2 \sim 33$ 线，东西方向冒落长度平均 45m，南北方向冒落长度平均 80m；在北采 745m 层面，塌陷面积为 2.3 万平方米，塌陷影响面积为 4.3 万平方米。整个冒落体近似一个漏斗，冒落量估算为 238 万立方米，总滑动影响体积约 440 万立方米。

C "11·27" 大塌方事故

2004 年 11 月 27 日上午 8 点零 3 分，后期坑井下发生大塌方，从 2 号主井 615m 中段直接塌穿铁矿分公司北采地表 769m 层面，位置在 39~43 线（Ⅴ号采空区）。北采 769m 层面随之塌陷下沉，地表沉陷开裂范围在 35~45 线。28 日上午 9 点左右，3 号主井 610m 中段底板被上部塌方压垮，塌方往下延伸，继续压垮 3 号主井 591m 中段、570m 中段、560m 中段、540m 中段，北采地表继续下沉。此次大塌方影响的范围大，危害大，受影响的井巷有 6 条，即：3 号主井、2 号主井、新风井、后期坑 673m 中段、700m 中段、730m 中段。塌方冲击波造成 700m 中段 2 人、2 号主井 1 人负伤，并导致 2 号主井 650m 中段 39 线地压监测系统严重破坏。

此次大塌方还影响了 640m 主平硐的安全。28 日经现场察看，发现 640m 主平硐在 39 线位置有 2 处约 20m 开裂。至 11 月 29 日止，640m 主平硐的开裂已经在 37~39 线间延长至 70m。

10.3.4.2 事故原因分析

2004 年一年之内连续发生了三次空区大塌方，塌方量超过 230 万立方米。因此，探明塌方的原因意义重大，对地采转露天复采安全作业具有指导和借鉴意义。

　　在三次大塌方后的区域在相当一段时间仍有比较强烈的地压活动，零星垮塌不断，矿方继续观察了活动情况。待地压完全稳定，塌方事故结束后，大宝山矿铜业分公司召开了事故分析会，对事故原因进行认真分析，并上报事故分析报告与有关图纸资料。塌方区域为 V 号、VII 号和 VIII 号采空区。

　　据初步分析，井下分布有大量的大面积民采空区（特别是 V 号空区），民采空区边帮与不规则矿柱（民采由于没有规范的采矿方法，基本不留矿柱，少数的几个矿柱也不标准，起不到支撑作用）不堪负荷垮塌，造成以上几个中段连锁反应，全部塌方。

　　鉴此，经初步分析事故的原因为民采长期滥采滥挖，形成了大量的采空区，地压活动造成垮塌，具体总结如下：

　　（1）采场过大，矿柱过小。

　　（2）上下采场矿柱位置不对应，上采场矿柱悬吊于下采场之上，起不到作用。

　　（3）采场采掉了情况不明的民采空区矿柱。

　　（4）顶板预留厚度不合理。

　　（5）采场顶板与 D_2d^b 层之间的保护层过小，顶板承受不了 D_2d^b 层吸水膨胀的压力。

　　（6）露采最低台阶离井下采场太近，地面大爆破震动的影响。

　　（7）井下空区处理不及时，充填欠账。

　　虽然几次塌方事故的出现给井下生产造成了一定的损失，但幸运的是，几次塌方都没有造成人员伤害，其经验也是值得总结的：

　　（1）大塌方之前必然有一定的预兆，观察愈仔细发现就会愈早。

　　（2）小的冒顶和塌方要引起足够重视，及早采取相应的防患措施，可将事故的损失降低到最小。

　　（3）不能及时充填的采空区要尽早封闭，这样，可减少塌方产生的冲击波对矿井的破坏和人员的伤害。

　　（4）先进的地压监测设备可以帮助人们及时预测塌方事故。

10.3.4.3　采取的应对措施

　　在几次大塌方事故发生以后，大宝山矿积极应对，做出了一系列紧急措施，保证矿工人身安全，争取将损失降低到最低限度。

　　（1）停产。矿业公司决定，副井、3 号主井和采区的塌方区附近工作面全部暂时停产，过后再视情况而定是否继续停产。

　　（2）安全警界。对井下塌方区周边的所有行人通道全部封闭，设置安全警界，防止人员入内，所有井下排水、监测人员一律实行登记制度。

（3）塌方区周边监测。在塌方区周边地压活动敏感地带选择监测点，采取涂油漆、糊黄泥巴、贴纸条等方法进行24小时监测。

（4）井下值班。安排有经验的安全管理人员在井下24小时值班，掌握塌方区变化情况，收集地压监测信息，并在现场采取必要的临时措施。每班值班人员要把井下的情况汇报到铜业分公司安全科。

（5）重新确定井下危险源。为了从这些大塌方事故中吸取教训，防止类似的事故重复发生，矿业公司组织工程技术人员和安全管理人员，对井下所有采空区，进行危险区范围划定，科学核定危险源级数，重新确定井下危险源。

（6）多次召开大塌方现场研讨会，积极探讨防治措施。自从大塌方事故发生以来，矿业公司生产部、技术规划部、土资部、铜业分公司、地测分公司多次召开现场研讨会，研究对策，采取了一系列措施，并发了会议纪要。

10.4　大宝山矿宏观露天采矿条件再造

地采转露天复采矿山的宏观露天采矿环境再造，是在矿山开采状况调查分析的基础上，进行大型隐患空区的集中治理、采场境界内的宏观地球物理勘探复核、矿区宏观地质灾害监测预警和露天采矿环境再造评估验收四个方面工作。矿山开采状况调查分析是宏观露天采矿环境再造的前提和基础，大型隐患空区集中治理是宏观露天采矿环境再造的核心，采场境界内的宏观地球物理勘探是宏观露天采矿环境再造效果检查的手段，矿区宏观地质灾害监测预警是宏观露天采矿环境再造的补充和保障，露天采矿环境再造评估验收是宏观露天采矿环境再造的结果。

但是，考虑到大宝山矿的宏观露天采矿条件再造各项工作的技术可行性和经济合理性，上述工作可以按照轻重缓急不同分区、分步有序实施，类似地采转露天复采矿山可以借鉴。

10.4.1　大型隐患空区的集中治理

大型隐患空区的集中治理，主要是为了宏观露天采矿环境的再造。广东省大宝山矿地下采空区多，其所处位置、形态特征各异，关系复杂，在转露天复采之前，较大一部分的采空区已经过自然塌陷，采空区隐患得到了一定程度的消除，但已经难以继续进行地下开采。

矿山地下开采遗留的采空区，处理方法通常有崩落法、充填法、封闭法和支撑法四大类，以及上述方法的简单组合使用。上述采空区的治理方法，主要是地下矿山采空区治理与顶板压力管理的方法，主要服务于后续的地下采矿。大宝山矿进行地采转露天复采，采空区的治理是为露天复采服务的，因此要综合考虑空区治理成本、露天采矿工艺等因素，必须针对各采空区的特点，即各中段采空区数量、其所处位置、形态特征不一，分别采取合理的采空区处理方法。

地采转露天复采矿山，一般情况下停止了地下开采，地下往往没有人员设备需要保护，大规模封闭法治理采空区没有意义；支撑加固法主要是为了在采空区上方修建公路、隧道等工程时应用较多，由于成本较高，技术难度大，加上易受露天复采爆破震动和地压演变导致失效，所以在矿山的开采阶段应用较少。充填法能够彻底排除采空区的安全隐患，但是需要一定规模的井下施工工艺，且充填成本较高；如充填区域位于露天复采的境界内，还存在二次搬运的问题，显得不经济。大宝山矿属于多金属矿山，围岩比较稳固，加上经历过多次自然坍塌，井下采矿系统遭到较大程度破坏，不宜进行扰动较大的钻爆施工，故从井下进行崩落爆破处理采空区也应谨慎使用。

综上对采空区的现场调查分析和研究，确定主要采取充填处理方法对大型隐患空区进行露天复采前的集中治理，实现宏观露天采矿环境再造，其他采空区待露天复采时再适时从地表崩落爆破处理。主要先对Ⅱ号和Ⅵ号采空区进行充填，Ⅴ号、Ⅶ号和Ⅷ号采空区自然崩落至地表，接着对Ⅲ号和Ⅳ号采空区进行充填，但2号斜井500~610m采空区仍然存在，对2号斜井井底车场及未来回采工作构成安全威胁，也必须选择合适的处理方法进行根治。同时，考虑到部分主要空区经过治理或为降低充填成本，减轻井下掘进废石对地表的污染，通过对1号主斜井地表及井下+500~+610m水平各中段情况的调查和分析，首期决定采用掘进废石不出窿，直接倒入采空区进行充填，主要利用1号斜井各中段掘进的废石，以及从591m掘进一条充填井至地表，利用地面废石进行充填，1号斜井各中段掘进的废石到500~610m采空区的充填路线如图10-3和图10-4所示。该充填方法可有效解决大宝山矿铜业分公司1号主斜井500~600m采空区的安全隐患，保障井底车场和将来深部及北部开采的安全；其次，井下掘进废石不出窿，可大幅度减少堆放废石所需的工业场地，既减少了征地费用，又保护了地表环境，因此具有重大的经济效益和社会环境效益。该充填系统充分利用已有工程，最大限度地减少了基建投资；运输线路避开了采空区范围，安全性较好；与将来北部开采废石运输有较好的兼容性。

10.4.2 采场境界内的宏观球物理勘探

地球物理勘探方法（简称物探法），是以观测各种地球物理场的变化规律为基础的，因此当物探方法来解决各种地质问题时，它必须具有一定的地质及地球物理条件才能取得满意的效果。广东省大宝山矿系多金属矿山，地质条件十分复杂，加上地球物理场理论自身的局限性，很难有一种方法能对采空区进行精确的探测。但不可否认，通过物探方法进行宏观分析和普查，是具有方向性的指导意

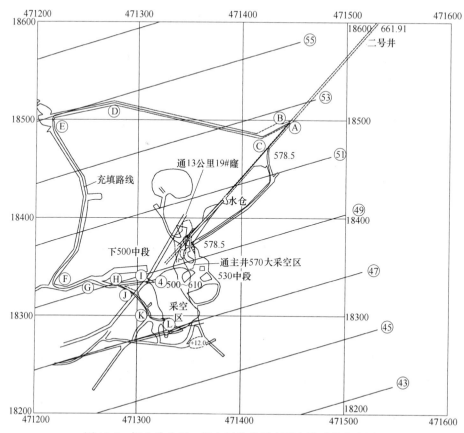

图 10-3　铜业分公司 1 号主斜井北采废石充填系统方案图

义的；钻探探明的采空区给人实实在在的感觉，但其有"以点窥面"的缺陷，难免漏探。

对于复杂地采转露天复采矿山，在大型隐患空区集中治理后，仍有必要进行采场境界内的宏观地球物理勘探，一是核实评价宏观露天采矿环境再造的效果；二是为后续露天复采环节的采场遗留采空区超前探测指明方向，利用多种物探方法的成果进行工程钻探分析，进而综合解释和分析空区情况，以便得到确切的地质结果，指导地采转露天复采矿山的安全生产，特别是采场遗留采空区的超前探测。

广东省大宝山矿委托核工业 290 研究所采用综合物探方法对大宝山矿地下（深度

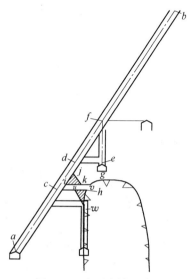

图 10-4　废石充填示意图

80m 以内）的采空区进行探测，得出以下经验教训：

（1）大宝山矿区为多金属矿区，矿产种类多（上有褐铁矿、菱铁矿；中有铜、硫、铅、锌等矿；下有钼矿），矿床规模大。矿区的电磁干扰大，且金属矿体对电磁波具有很强的吸收和屏蔽作用，在本区用地质雷达探查采空区难以达到勘探目的。

（2）高密度电法对采空区勘探效果明显，当地下采矿形成采空区后，空区的电阻率会大幅度增加，形成高阻电性异常，其视电阻率与围岩差别明显，应用电法寻找采空区具有良好的地球物理条件，建议以高密度电法为主要勘查手段，通过合理布线和多种测量装置进行对比测量，可达到较好的勘探效果；但是采空区塌陷被水、泥质和矿石充填后，其电阻率会大幅度下降，与多金属矿体接近，则电法对塌陷后的采空区难以有效探测；另外现场存在地形和地质干扰，地质干扰主要为复杂的地层结构以及浅部的铁矿体和深部的层状铜、铅、锌、硫多金属矿矿体。由于干扰因素的存在，对勘探效果会有一定影响。

（3）采空区内介质一般为空气和水，采空区外介质为岩土层。采空区内外介质之间存在明显的波阻抗差异，为采用地震勘探方法探测采空区提供了较好的物性前提。但是，现场往往有干扰，增加了地震勘探方法的难度，影响了其准确性和可靠性。现场的主要干扰因素包括人工干扰和地质干扰。人工干扰包括附近采矿施工及运输车辆的振动干扰。地质干扰主要为探测地段岩土层地层产状陡峭、风化程度高、分布极不均匀等。由于干扰因素的存在，对勘探效果会有一定影响，往往由于工作参数选择不合理，未采集到有用的反射波记录，因而较难达到预期的勘探效果。

（4）在试验区，可以继续进行地质雷达、地震勘探等方法的试验，通过对仪器参数和工作装置进行测试与调整，以找到在本区应用地质雷达、地震勘探方法勘查采空区的有效手段，以弥补电法勘探方法的单一性和局限性，且多种勘查方法手段能够对异常进行互相佐证，以达到最佳勘查效果。

综上所述，根据采场境界的整体地球物理勘探结果，绘制物探解释推断断面图和切面投影平面图，供采掘作业时参考。但是，物探解释的空区异常的范围及深度与实际比较会存在一定的误差；物探只能识别某深度范围，具有一定规模的目标体，如较小的空区和坑道物探异常很难识别。尽管物探存在一定的误差，但实践证明，无论是地下开采资料比较全的北部铜露天采场，还是民采猖獗并无任何资料的南部铁露天采场，均有较大的指导意义，使后续钻探工作有的放矢、事半功倍。

10.4.3 采场宏观地质灾害监控

考虑到地采转露天复采矿山的地质复杂性，对空区认识不足以及未知空区的存在和矿山地质环境的不断演变，大型隐患空区集中治理后，地下遗留的区域空区仍有可能在露天复采过程中诱发较大规模的矿山地质灾害。因此，地采转露天复采矿山，在大型隐患空区集中治理后，还需要建立矿山宏观地质灾害安全监控系统，其是宏观露天采矿环境再造效果的保障措施，也是露天复采施工安全的预防和预警措施，用以防止露天复采过程中发生大规模地质灾害并引起安全生产事故。

大宝山矿的地采转露天复采，宏观地质灾害分析与监测主要进行如下三方面的工作。

（1）边坡稳定分析与监控。当地下采区开采后，在其采动影响域内不同空间位置上各单元体的应力状态发生了变化，形成不同的应力区域并重新达到稳定，甚至是暂时稳定，有可能随着时间的推移发生较大岩移而失去稳定。如果此时在平衡体或暂时平衡体的一侧再进行露天开采，那么，边坡岩体就有可能会产生位移形变，进而发生边坡大范围滑移，给露天开采的安全生产带来威胁。边坡安全分析的目的就是采用边坡受力分析工具进行建模，定量分析边坡的稳定性，从而采取针对性的措施防止事故发生。尽管地采转露天复采前进行了大型隐患空区的集中治理，但考虑到遗留空区资料的不全、矿山水文地质情况的复杂性、空区研究分析还不全面不系统以及后续露天采矿爆破施工产生爆破振动的不利影响，除了必要的边坡稳定性分析，还需建立边坡稳定监控系统，避免地采转露天复采过程中发生较大规模的边坡滑塌事故。

（2）采场塌陷预防与预警。地采转露天复采施工过程中，遗留采空区除了可能引起较大规模的边坡滑塌，还可能引起较大规模的采场塌陷。为保证采场安全生产，还需建立采场塌陷预防与预警系统，即采取有效地压监测措施，以防止由于大面积采空区冒落而发生重大安全事故。现场采取一般监测和定位监测两种监测方法。通过长期的监测与试验，得出了用事件率来划分井下顶板安全等级的经验数值。定位监测旨在确定监测区内所有岩体声发射发生的位置。引进长沙矿山院研发的 DYF-2 型智能声波监测多用仪和 STL-12 多通道声发射监测定位系统，前者对某些测点不定期实施监测，后者对某一区域实施连续监测。

（3）重点隐患区域的监测。通过对矿山生产现状及采空区进行现场调查后，对大型隐患采空区进行了集中治理，但由于采空区的复杂性和采矿环境不断演变的特性，加上盲空区的存在和重点设备设施的保护需要，还需要进行剩余重点隐患区域的监测与分析，对矿山的重要设备设施进行保护性监测与预警。通过对矿山生产现状及采空区进行现场调查后，确定两个区域应重点进行监测：

1）1 号主井采空区顶板及周边区域：1 号主井采空区主要分布在 45~59 号勘探线之间，470~617m 中段。由于 1 号主井采空区周边岩体条件较差，经数次坍塌后，目前只有 591m、530m、515m 三个中段能进入调查，经过现场踏勘及相关资料的分析后，认为此处采空区仍存在继续垮塌的可能。

2）2号主井采空区顶板及周边区域：2号主井采空区主要分布在33~51号勘探线之间，615~668m中段，位于目前主要露天开采区域的下方，由于近几年，露天开采的影响，该区域除650m中段以外的所有中段均已垮塌，无法进入。最近几次大的塌方事件也都主要位于2号主井范围以内。因此2号主井采空区顶板及周边区域的稳定与否将直接影响到露天矿的安全生产。

综上所述，矿山工程进行地采转露天复采作业，除了上述边坡稳定检测、采场塌陷监控和重点隐患区域监测外，还要加强日常的边坡、采场巡视工作，做到多方面、多角度确保施工安全。

10.4.4 宏观采矿环境再造评价

根据2004年矿山开展的井下采空区详查，井下Ⅰ~Ⅸ采空区总体积约为181.05万立方米，其中Ⅱ、Ⅵ等空区群充填体积约为39.8万立方米，三次大塌方充填了83.1万立方米空区，至2004年底剩余空区体积58.15万立方米，具体如表10-4所示。

2006年，大宝山矿业有限公司对Ⅱ号采空区群进行了治理；大型隐患空区集中治理后，将地下空区体积由原来的181.05万立方米，缩减到26.65m^3，井下采空区状况如表10-9所示。

表 10-9 井下采空区分布情况（采空区集中治理后）

编号	原体积/万立方米	充填或崩落体积/万立方米	现存体积/万立方米	采取措施
Ⅰ	5.2	1.7	3.5	充填
Ⅱ	23.0	20	3.0	继续充填
Ⅲ	12.8	2.4	10.4	封闭
Ⅳ	14	7	7	充填
Ⅴ	50.3	50.3	0	封闭
Ⅵ	12.8	10.5	2.3	封闭
Ⅶ	36	36	0	封闭和充填
Ⅷ	26	26	0	封闭和充填
Ⅸ	0.95	0.5	0.45	主巷改道
合计	181.05	154.4	26.65	

综上所述，大宝山矿进行大规模的地采转露天复采之前，已经经历了多次自然崩塌，且先后进行了两次大型隐患采空区的集中治理，并通过物探核实了宏观露天采矿环境再造效果、建立了矿山地质灾害监控预警系统，将采空区这一"魔鬼"关进了笼子里，实现了宏观露天采矿环境的再造，无论从安全生产还是开采

技术等方面都已经具备了地下开采转露天复采的条件。

10.5　大宝山矿微观采场作业条件再造

地采转露天复采矿山，在露天复采之前进行了宏观露天采矿环境再造，即大型隐患采空区的集中治理，但是露天开采境界内仍然遗留了一部分采空区，包括待露天开采过程中治理的采空区、充填处理未接顶的采空区、农民盗采产生的盲空区等，仍然对露天复采的安全生产构成了较大威胁。

为了保障地采转露天复采施工的安全，需要进行微观采场作业条件再造，及时治理遗留采空区，保证每一个施工人员、每一台施工设备的安全。关于采场遗留采空区的处理，一般宜采用地表崩落爆破法处理，首先采用物探、钻探和三维激光扫描相结合的方法探明各采空区的参数，再进行采空区安全稳定分析和崩落爆破的设计与施工，最后进行崩落爆破效果评价与验收。

10.5.1　遗留采空区的超前探测

宏大爆破在开展广东省大宝山矿地采转露天复采工程时，本着"有疑必探、先探后进"的原则组织露天采矿施工，严格控制采场遗留采空区的负面影响、避免安全生产事故的发生。关于采场遗留采空区的超前探测，宏大爆破总结出如下经验：

（1）针对地采转露天复采矿山采场遗留空区的特点，需要综合分析并对比各种物探和钻探手段，选择经济适用的物探和钻探手段进行空区超前探测分析，包括矿区规模的物探和采场局部区域的钻探，由粗到细确认采空区的存在，之后再进行三维激光扫描，获得采空区位置和形状的点云图，为后续采空区崩落爆破处理提供设计资料，概括为"物探定方向，钻探来核实，三维扫描来探明"三步法。

（2）采空区钻探宜用地质钻和潜孔钻相结合的联合钻探法，地质钻深勘探测大采空区和采空区群（可结合生产地质勘探，减低地质钻勘探空区成本，两者的目标匹配度较高，因为矿体和采空区在空间位置上往往紧密相依），防止采场大塌方事故的发生；用移动方便的潜孔钻进行采空区的日常生产勘探（可集合爆破炮孔钻孔工作进行，将部分炮孔加深到采空区探测孔的设计深度，之后再回填至爆破炮孔的设计深度），主要针对小采空区、次生采空区、未充填满空区、盲空区等，防止采场的局部塌陷。

（3）关于没有地采资料的盲空区，宜先采用物探手段进行宏观的综合定性分析，确立存在空区的可疑区域；再通过不同深度和孔网密度的钻探孔进行采空区的钻探分析，实现物探采空区或物探疑似采空区的钻探确认，接着用三维激光扫描的手段探明盲空区的具体位置和形状并合理处置，才能避免采矿施工过程中盲空区的危害。

10.5.2 采空区顶板稳定性分析

广东省大宝山矿经过宏观露天采矿环境再造，主要安全隐患得到了有效治理。但是，采场境界内遗留的采空区的数量仍然较大，其危害形式主要体现在施工过程中发生采场的局部坍塌，易导致人员、设备被埋。引起采场局部坍塌的原因，就是因为地下采空区的顶板失稳。因此，超前探测到的采空区顶板的稳定性分析显得尤为重要，此是采空区安全高效治理的前提。

尽管借助物探、钻探和三维扫描相结合的空区综合探测方法，探明了采空区（包括盲空区），获得采空区的位置和形状。但是，露天复采是一个动态演变过程，加上多金属矿的工程地质条件尤其复杂，对采空区的研究和认识仍难免不充分、不精确，采空区顶板的稳定性分析往往难以十分精确、一步到位。因此，宏大爆破不断总结经验教训，总结提炼出循序渐进地判别采空区顶板稳定性的方法，包括采空区稳定性静态分析、采空区稳定性的定态判别和采空区稳定性的数值模拟分析等。通过采空区定性、定量分析的结果，从而科学合理地判别采空区对采空区治理施工和露天复采作业的影响，并合理权衡采空区治理与露天剥采施工的优先关系，指导空区处理的方案优选、设计和施工。

宏大爆破在大宝山矿十年来的地采转露天复采施工过程中，总结采空区顶板稳定性分析的主要经验教训如下：

（1）大宝山矿地质条件复杂、构造多，影响采空区稳定性的因素众多，需要注重采空区探测和剥采作业过程中的地质资料收集和补充完善，其是空区安全稳定性分析的基础资料。

（2）采空区顶板稳定性的评判是多因素判别，需要在保证施工安全的前提下，根据采空区的性质、重要性和影响范围，采用合适方法进行判别，包括静态判别、动态判别和数值模拟分析判别，指导采空区安全治理和露天剥采作业施工。

（3）采空区顶板稳定性分析是为了权衡空区治理与剥采施工的优先关系，并指导采空区处理的方案优选、设计和施工，要充分考虑采空区崩落爆破处理各施工过程、施工工艺的安全。如果露天生产安全得到保障，采场正常剥采作业优先，采空区处理选择合适时机进行；露天生产安全得不到保障，必须进行采空区的崩落爆破治理，进行微观采场作业条件再造后组织露天剥采作业。

10.5.3 采空区崩落爆破处理

大宝山矿经过前期的自然坍塌和大型隐患采空区的集中治理，采场境界内遗留下来的空区隐患相对独立，一般不会引起较大规模的矿山地质灾害。大宝山矿为典型的多金属地采转露天复采矿山，经综合论证分析，用于采空区处理的方法主要为充填法和崩落法，前者主要进行宏观露天采矿环境再造，后者主要进行微观采场作业条件再造。

在大宝山矿露天复采过程中，需要安全治理的采空区均在大露天开采设计范围内，如采用充填法进行处理，技术上可行，但存在二次装运的问题，经济上不合理。因此大宝山矿地采转露天复采后，在采场内探明的采空区，往往采用地表崩落爆破法进行治理。采空区崩落爆破处理，需要统筹地采转露天复采现场空间布局和生产组织情况，合理组织采空区安全治理相关工作。采空区探明以后，需要按照一定的组织流程进行处理，才能确保采空区治理过程的安全可靠，探明采空区崩落爆破处理的流程如图 10-5 所示，包括如下几个方面：

（1）根据水文地质参数和采空区探明参数，对该采空区的安全稳定性进行分析，以便对采空区崩落爆破方案进行初选。

（2）基于采空区自身安全稳定性分析，结合采空区崩落爆破方案初选情况，进一步进行施工荷载下采空区安全稳定性分析。

（3）根据采空区崩落爆破方案初选和施工荷载下空区安全稳定性分析，对空区崩落爆破方案进行优选，并最终确定执行方案。

（4）根据最优方案进行采空区崩落爆破方案的设计，包括钻爆孔网参数、布孔形式、起爆顺序、起爆网路、警戒范围等。

（5）组织采空区崩落爆破施工作业，同时做好应急措施。

（6）采空区崩落爆破以后，进行采空区崩落爆破效果评价与验收。

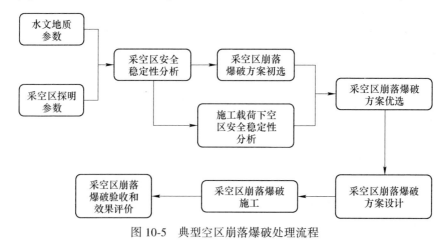

图 10-5　典型空区崩落爆破处理流程

10.5.4　采空区崩落爆破处理评价验收

采空区崩落爆破效果评价与验收工作很重要，宏大爆破不断总结经验教训，获得发明专利"地采转露天复采矿山空区崩落爆破处理效果验收方法"和部级工法"露天矿山地下采空区崩落爆破评估验收工法"，其核心技术均根据采空区崩落爆破前后的区域体积平衡和岩体体积平衡，计算出遗留空区体积和采空区充填率，从而定量评价采空区崩落爆破处理效果。其发明专利证书和省部级工法证书如图 10-6 所示。

地采转露天复采矿山生产过程中探测到的采空区的崩落爆破处理，可根据崩落范围和布孔方式的不同，将采空区崩落治理归类为（1）空区顶板（可含局部围岩）崩落爆破处理、（2）空区围岩崩落爆破充填处理和（3）空区顶板外围切割爆破处理三种，便于计算和分析采空区崩落爆破处理的效果评价和验收。以上三种采空区崩落爆破处理方法，均可以通过计算出采空区充填率 k 和局部遗留空区体积 $V_{2空}$ 两个指标进行采空区崩落爆破的效果评价和验收。其中采空区充填率 k，主要评价崩落爆破处理本身的效果，据此判别原主要安全隐患是否已排除；局部遗留空区体积 $V_{2空}$，主要评价空区崩落爆破处理后，剩余安全隐患的大小。

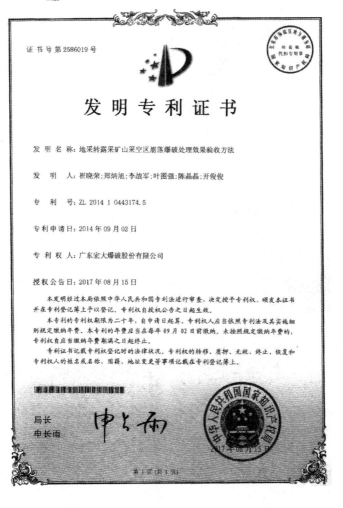

证书号 第 2586019 号

发 明 专 利 证 书

发 明 名 称：地采转露采矿山采空区崩落爆破处理效果验收方法

发 明 人：崔晓荣；郑炳旭；李战军；叶图强；陈晶晶；开俊俊

专 利 号：ZL 2014 1 0443174.5

专利申请日：2014 年 09 月 02 日

专 利 权 人：广东宏大爆破股份有限公司

授权公告日：2017 年 08 月 15 日

　　本发明经过本局依照中华人民共和国专利法进行审查，决定授予专利权，颁发本证书并在专利登记簿上予以登记。专利权自授权公告之日起生效。

　　本专利的专利权期限为二十年，自申请日起算。专利权人应当依照专利法及其实施细则规定缴纳年费。本专利的年费应当在每年 09 月 02 日前缴纳，未按照规定缴纳年费的，专利权自应当缴纳年费期满之日起终止。

　　专利证书记载专利权登记时的法律状况。专利权的转移、质押、无效、终止、恢复和专利权人的姓名或名称、国籍、地址变更等事项记载在专利登记簿上。

局长
申长雨

第 1 页 (共 1 页)

图 10-6 专利和工法证书

10.5.5 常规崩落爆破法处理空区案例

现以 33_2 ~ 35 勘探线间所揭露的 668-1 号采空区为例,对常规地表崩落爆破法处理采空区的设计、施工及验收进行说明。

10.5.5.1 探明空区的基本情况

根据地质勘察和采空区勘探资料,668-1 号采空区顶板大部分为铜硫矿石,围岩为矽卡岩,岩体条件较好,普氏系数 $f=10$ ~ 12。2010 年 11 月 19 日上午在 697m 平台施工勘探孔过程中,钻孔(71290.1m,17950.0m)钻至空区,现场下放皮尺量测空区深度约 15.5m,下午 13:00 时通过该钻孔对该采空区进行了三维激光扫描,探测图如图 10-7 所示。2010 年 12 月 23 日,在 697 施工地质钻孔时,钻孔(71298.7m,17943.6m)在钻至 18.5m 左右遇空区,空区高度约 13m,当天下午约 14:00 时相关人员通过该钻孔下放三维激光探测仪扫描空区,扫描图如图 10-8 所示。经过比对分析,先后两次三维扫描(通过不同位置的采空区顶板穿孔)获得的采空区点云图基本一致,测量结果十分相近,说明该采空区比较稳定。经过两次三维扫描结果组合,可绘制出 668-1 号空区范围,如图 10-9 所示。

三维激光扫描发现,该地下采空区的具体形状复杂,周边存在一些巷道和关联小空区(相关联的 668-2 号空区高度较高的部分已经扫描到,其边缘的空区高度较小的部分存在局部遮挡,没有扫描到数据),单凭两个钻孔很难获得完全闭合的采空区点云图；但通过不同位置的采空区顶板穿孔进行三维扫描所获得采空区点云图主体闭合，仅局部存在小的漏洞，但可充分说明该采空区的大小、形状、埋深等参数已经探明，测算该采空区的体积约为 17080m³。

图 10-7 2010 年 11 月 19 日采空区扫描图　　图 10-8 2010 年 12 月 23 日采空区扫描图

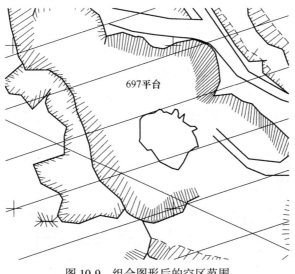

图 10-9 组合图形后的空区范围

10.5.5.2 稳定性分析与治理方案优选

根据 668-1 号采空区三维激光扫描结果，对该采空区进行安全稳定性分析：

（1）根据厚跨比理论进行空区初步安全稳定性分析（静态分析），空区顶板厚度大于保安层厚度，并有一定的安全冗余。

（2）先后两次（相隔1个多月）进行了该空区的扫描，两次三维扫描（通过不同位置的采空区顶板穿孔）获得的空区点云图基本一致，测量结果十分相近，说明该采空区比较稳定（动态分析），没有发现采空区顶板冒落、变薄的现象。

根据上述关于空区安全稳定性的静态分析和动态分析，说明该采空区是稳定的，可以据此指导采空区崩落爆破方案优选、设计、施工与验收等后续工作。宏大爆破还进一步进行了数值模拟分析，该采空区顶板能够满足中小型设备和施工人员载荷的作用，所以选择采空区顶板范围全部崩落爆破处理的方案。

基于上述采空区顶板稳定性分析，进行采空区治理方案的优选。钻机采用自重轻的分体式宣化 CM351 型钻机，重量 5.2t；空压机为阿特拉斯 836 型，钻进效率 25~30m/h，孔径 140mm，严禁停放在采空区顶板上及局部坍塌可能波及的范围。

施工过程中，加强空区顶板厚度变化和地表开裂等危险征兆的监测和巡视，如发现异常，立即停止施工，改选其他崩落爆破方案，如采空区顶板外围切割爆破方案，待采空区顶板整体塌落以后再进行二次破碎。

10.5.5.3　崩落爆破设计与施工

根据采空区崩落爆破处理总体方案和爆破区域的岩性，爆破孔网参数选用 3m×3.5m，建议钻孔全部打穿施工，孔深设计在 14.5~28m 之间，特殊部位根据情况可做相应调整。因是空区顶板施工，基本都做贯穿处理，所以孔内没有水，炮孔设计全装多孔粒状铵油炸药，条状成品乳化炸药仅作起爆药包。

根据探明采空区的位置、形状及爆破参数，在露天矿山施工进度平面布置图上设计炮孔，获得各个炮孔的具体坐标；再根据各个炮孔坐标在现场布设各个炮孔，标明钻孔深度；最后组织钻孔设备和人员钻孔，钻孔完毕后进行钻孔验收和整改，具体流程如图 10-10 所示。

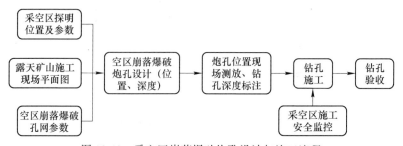

图 10-10　采空区崩落爆破炮孔设计与施工流程

该采空区崩落爆破设计炮孔布置情况如图 10-11 所示，采取空区顶板强制崩落爆破技术，采空区顶板范围内的岩石经过爆破后全部破碎变成松散岩体形成塌陷，对原采空区进行充填。

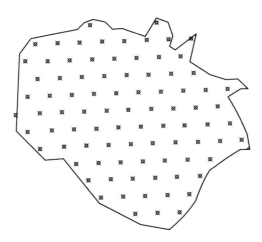

图 10-11　编号 668-1 采空区布孔示意图

根据采空区崩落爆破炮孔不同采用不同的装药结构。没有钻穿采空区顶板的炮孔，按照图 10-12 进行装药；钻穿采空区顶板的炮孔，需要对炮孔底部进行充填堵塞 3~3.5m 后再装药，如图 10-13 所示。

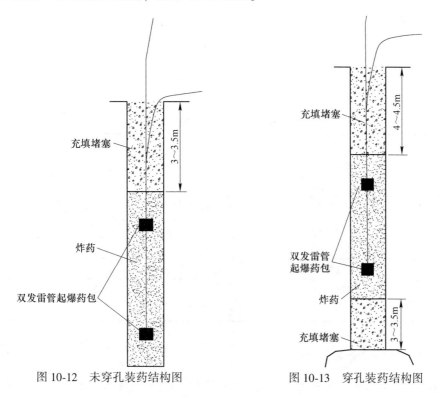

图 10-12　未穿孔装药结构图　　　　图 10-13　穿孔装药结构图

装药爆破施工过程中，尽管施工人员对采空区顶板的荷载较小，但是考虑到毕竟有人员在空区顶板上作业，需要特别注重空区顶板安全的监控，如果发现异常要立即组织安全撤离。考虑到空区顶板及其周边区域地质情况比较复杂，实际钻孔和装药情况与设计有一定误差，但总体吻合，满足空区崩落爆破施工的质量要求，起爆网路及起爆顺序如图 10-14 所示，主要材料消耗如表 10-10 所示。

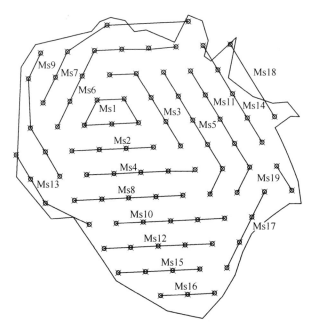

图 10-14　起爆网络图

表 10-10　主要材料消耗

序号	材料名称	单位	数　量
1	多孔粒状铵油炸药	t	16
2	非电雷管	发	174
3	导爆管	m	1000
4	乳化炸药	t	1.4
5	胶带	卷	20
6	非电雷管起爆器	个	2
7	铁丝（14号）	m	2200
8	塞子	个	100

10.5.5.4　施工安全设计与组织

采空区崩落爆破施工安全设计与组织工作，一是崩落爆破方案的安全核算，将爆破振动、爆破飞石、爆破噪声、爆破冲击波和爆破粉尘等爆破危害控制在《爆破安全规程》（GB 6722—2014）的容许范围内；二是要编制采空区崩落爆破应急预案，同时确保应急预案在施工过程中处于有效状态。

宏大爆破在实施采空区崩落爆破施工过程中，应急预案方面主要开展如下三方面工作：

（1）建立现场应急组织机构。在施工前，对参加本次爆破施工的全部人员进行一次爆破安全教育，对本次区域的采空区情况进行充分了解；地压监测人员对区域内及其周围地压监测探头进行连续监测；现场标出安全撤离路线，做到施工人员人人皆知。为了保证采空区处理工作的正常进行，特设立应急撤离领导小组：

组长：叶图强、崔晓荣；

职责：发生事故后，统一协调、统一组织、安排行动方案；

成员：陈晶晶、何兴健、邱德如。

现场应急组织机构下设报警组和撤离组等。其中报警组在发生险情时，及时发出撤离信号，组长为邱德如（爆破队长、宏大爆破的高级爆破专家），成员为钻爆队爆破工程师；撤离组接到报警组撤离信号后，迅速组织相关人员撤离到安全区域，组长为何兴建（现场总调度），成员为生产调度室的调度员。

（2）预先规划撤离路线。如果发生险情，现场所有人员撤离到安全区域（现场安全警戒网以外）。安全保卫组立即封闭事故现场，严禁所有人员靠近事故现场。撤离组负责清点人员，将撤离人员有序带离到调度室待命。如果有人员伤亡，立即与120或者附近医院取得联系，也可动用本公司车辆接送病号。

（3）及时组织恢复生产。爆破后可能影响到周围采空区的稳定性，因此露采区域台阶设备应停止作业并撤离到安全区域，由安全人员观察确认无危险后，再返回作业区继续施工。爆区附近200m范围内停产24h，地压监测人员16h后进入现场检测，根据检测结果，由安全地压科牵头组织有关人员进行安全评估，确定无安全隐患后，下达开工指令，各单位方可组织生产。爆破可能对台阶运输道路有一定的破坏，爆破后禁止车辆从附近通过，经安全技术人员分析并确认安全后，方可对道路进行维修施工或继续通行。

10.5.5.5 爆后验收评价

668-1号采空区崩落爆破前后，分别如图10-15和图10-16所示，崩落爆破后原采空区位置发生明显的下沉塌陷。

爆破后，利用全站仪无棱镜反射测得采空区最大下沉13m，经爆破前后对比下沉体积约为2685m³。现场试验测算，岩石松散系数为1.5。根据体积平衡原理，计算遗留采空区体积和采空区充填系数如下：

$$V_{2空} = V_{1岩} + V_{1空} - V_{2松岩} - V_{2整岩} - \Delta V$$
$$= V_{1空} - (k_0 - 1)V_{1岩爆} - \Delta V$$
$$= 17080 - (1.5 - 1) \times 28260 - 2685 = 265$$
$$k = 1 - V_{2空}/V_{1空} = 1 - 265/17080 = 98.4\%$$

计算结果表明：本次处理效果比较好，爆破区域覆盖了原 650m 中段 5 号采场全部面积，较大体积的采空区已全部垮塌，但是在原采空区的边缘（主要是与之关联的 668-2 号采空区的高度较小的部分）可能存在一定的未塌实空间。由于与此空区关联的 668-2 号采空区只处理了采空区高度较高的一部分，另外一部分仍可能存在未塌实现象，该处剥离施工过程中需要注意。

图 10-15　崩落爆破处理前图片

图 10-16　崩落爆破处理后图片

经过该采空区的成功崩落爆破处理，该区域实现了微观采场作业条件再造，排除了该区域附近进行露天剥采作业的安全隐患，可安全组织后续露天复采的剥采作业。

10.5.6　组合崩落爆破法处理空区案例

地采转露天复采矿山生产过程中探测到的采空区的崩落爆破处理，根据采空区跨度、顶板厚度以及崩落爆破范围和布孔方式不同，可以分为采空区顶板（可含局部围岩）崩落爆破处理法、采空区围岩崩落爆破充填处理法和采空区顶板外围切割爆破处理法。当采空区形状以及对应地表地形复杂时，可组合使用不同采空区崩落爆破处理方法，如部分采取采空区顶板崩落爆破处理，部分采用采空区顶板外围切割爆破处理。

10.5.6.1　复杂采空区探明

大宝山矿 668-5 号采空区，位于大宝山矿 35 线原 650m 中段 7 号采场周边，在采空区北边有三处塌陷区，采空区的南部部分位于 685m 平台与 697m 平台的边坡上。根据地质资料可知采空区所在的岩层位于中泥盆统东岗岭组下亚组（D_2d^a），附近工程地质钻孔所取岩芯显示该区域岩体破碎，大部分为松散体，岩体条件较差。现场潜孔钻从地表到钻至 2m 吹出的岩粉为白色，而后吹出的岩粉为灰色，因此判断该采空区顶板大部分为硫砂矿。

在 685m 平台钻孔后对该采空区进行了三维激光扫描，得到采空区的数据如图 10-17、图 10-18 所示，投影面积为 852.7m²，采空区的体积为 5200m³，采空区最大高度为 16.3m，其出现在采空区中部，采空区顶板到地表的最小厚度为 11.9m，最大跨度为 22.6m，长度为 56m，采空区标高为 656~673m。

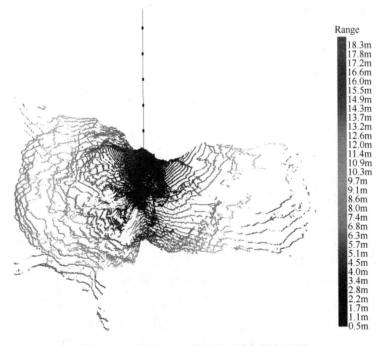

图 10-17　编号 668-5 采空区三维扫描点云图

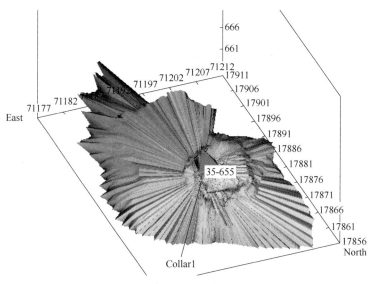

图 10-18　编号 668-5 采空区空间形态

10.5.6.2　采空区安全稳定性分析

目前可用于采空区顶板保安层厚度的理论计算方法有很多种，主要有传统顶板厚度分析方法，包括载荷传递线交汇法、厚跨比法、梁板受力情况估算法等，另外还有极限分析法及弹性小变形薄板理论方法。牛小明将载荷传递线交汇法、厚跨比法以及梁板受力情况估算法进行综合分析判断，拟合得到不同岩性的采空区跨度和顶板安全厚度之间的关系式，邱海涛基于极限分析法与弹性力学小变形薄板理论分析法得到的硫铁矿采空区跨度和顶板安全厚度进行拟合得到的表达式为：

$$h = 0.76b + 3.53 \tag{10-1}$$

式中，h 为顶板厚度，m；b 为采空区的跨度，m。

根据现场岩性可知文中采空区的岩性为硫砂矿，该采空区中部最大跨度为 22.6m，因此根据式（10-1）计算可得 $h = 20.7m$，由三维激光扫描结果显示该空区中部顶板厚度为 11.9m，其小于最小顶板安全厚度为 20.7m，处于高度危险状态，随时有塌方的可能性。

另外，由于 35 线 655 采空区顶板以松散岩体为主，在采空区上方作业风险较大，且钻孔成孔困难，因此爆破设计时在采空区中部区域不布置炮孔。位于采空区的北部顶板厚度为 15~17m，其最大跨度为 14.8m，根据式（10-1）计算可得 $h = 14.78m$，该部分采空区顶板厚度略大于最小顶板安全厚度，因此在采空区北部采用全面布孔进行爆破强制崩落，另外采空区北部存在原先的塌陷区，有利于改善爆破效果。

位于 685m 平台南部边坡下的采空区跨度为 22.1m，根据式（10-1）计算可得 $h=20.3$m，实际该部分采空区顶板厚度为 13.85m，其小于顶板安全厚度为 20.3m，不宜在其上面进行打孔，因此在空区南部采用爆破切割崩落法。

10.5.6.3 崩落爆破方案设计

宏大爆破综合考虑地形地貌、水文地质情况、探明空区参数、空区安全稳定分析及崩落爆破施工安全性，决定采用崩落爆破法进行该采空区的治理。采空区北部的跨度和高度均较小，经安全分析能够保证钻爆施工安全，故采取采空区顶板强制崩落爆破法；采空区中部的跨度和高度均较大，采空区中部进行钻孔施工有一定的危险性，故进行采空区顶板外围切割爆破崩落法；采空区南部的跨度和高度均较小，采空区顶板厚度超过 23m，安全隐患小，空区顶板厚、跨度小爆破夹制作用大，且跨越台阶坡面不易保证爆破效果，故不进行爆破，利用采空区中部塌落对其进行充填。

在大宝山矿台阶爆破中，根据所在区域的岩性并经实践验证的炸药单耗为 0.5kg/m^3，炮孔单位长度装药量约为 13.8kg/m。为了改善采空区的填充效果需要增加炸药的单耗来提高采空区的岩石破碎程度，但考虑到炮孔底部为采空区，其下盘阻力没有台阶爆破的下盘阻力大，因此采空区爆破处理的炸药单耗仍采用 0.5kg/m^3。

空区顶板北部，强制崩落爆破采用 4m×4m 孔网布孔；空区中部采用双排孔切割爆破，内侧炮孔微向内倾斜，尽量避免钻机承重于空区顶板，倾角为 80°，两排炮孔孔口排距为 2m，孔距 4m，炮孔分布如图 10-19 所示，图中炮孔编号的前半部分为雷管段别，后半部分为同一段别的炮孔序号。为了达到预期的爆破效果，增加两个倾斜孔，其倾角为 70°，即图 10-19 中的孔 8-7 和孔 9-4，用于提高南部边坡下的空区的充填效果。本方案采用爆破切割崩落空区顶板来填充采空区，不需要对边帮进行爆破填充，因此将最外围的炮孔布置在空区边帮略靠近空区中部的位置，钻孔直径为 140mm。

由于离采空区爆破区域距离为 56m 处有一平硐，为了保证平硐的安全，本次爆破需要考虑爆破振动对平硐的影响。根据爆区与平硐距离及其最大允许质点振动速度 20cm/s（矿山巷道：围岩稳定无支护）进行计算来控制爆破药量。大量实测资料表明，爆破振动的大小与炸药量、距离、介质情况、地形条件以及爆炸方法等因素有关，目前主要根据萨道夫斯基经验公式进行计算，其表达式为：

$$Q = R^3 \left(\frac{v}{K} \right)^{\frac{3}{\alpha}} \tag{10-2}$$

式中　v——保护对象所在地质点振动安全允许速度，cm/s；

R ——测点到爆源中心距离，m；

Q ——延时爆破中最大一段药量，kg；

K ——与炸药性质、爆破方式、地形地质条件有关的系数；

α ——衰减指数。

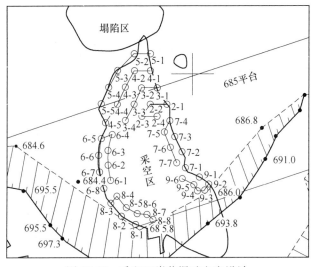

图 10-19　采空区崩落爆破方案设计

　　根据公式及现场地质条件取 $K = 256$，$\alpha = 1.7$ 并计算得到允许最大单段起爆药量 $Q = 1953$kg。

　　采空区爆破网络采用目前矿山使用的非电导爆管起爆网路，根据控制最大起爆药量的要求进行分段微差起爆，孔内使用双发非电毫秒延期雷管，雷管段分别从 2 段到 9 段。由于采空区的北部存在塌陷区，因此爆破首先从爆区西北部双排同时起爆，并选用对角起爆顺序，其中炮孔的编号首数字为雷管段别。另外由爆破网络中的最大单段装药量为 1240kg，小于最大单段允许药量，满足平硐振动安全要求，其中使用炸药总量为 6006kg。

10.5.6.4　组合崩落爆破施工组织

　　为了准确掌握炮孔底部与采空区自由面的距离，防止因炮孔底部的抵抗线过小引起炸药能量的损失，实际钻孔优先采用穿透后再进行统一堵塞炮孔底部处理，另外由于炮孔打穿导致炮孔内无水，可给机械化装药带来便利。在打孔过程中做好孔深记录，以便设计装药量，在钻孔过程中若遇到卡钻，说明钻头可能将要钻透采空区（采空区顶板岩石较为松散，容易卡钻），并根据周围钻孔深度判断是否需要部分回填。采空区的孔深分布图如图 10-20 所示，该采空区爆破处理共设计钻孔 47 个，钻孔总深度为 774m。由于采空区具有塌陷危险，因此需要划定警戒区域，钻孔施工中的设备均停于采空区警戒范围外，并保证在同一区域只有一台钻机进行作业，在钻孔作业时，必须有专人观察周围岩层的动态，若发现异常需立即撤离。

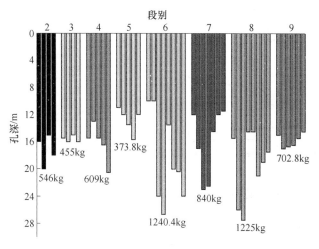

图 10-20 孔深分布图

由图 10-20 可得，段别为 2、3、4、5 及 9 的炮孔孔深分布比较均匀且都穿透，而段别为 6、7 以及 8 的炮孔孔深差异较大，甚至有部分孔深将要接近采空区的底部深度而未穿透，其原因可能是由于炮孔定位或者三维扫描存在误差以及采空区截面的不规则性而将炮孔打到空区的边帮上，因此对于孔深超过周边穿孔孔深 2m 仍未打穿的炮孔则不需要继续钻孔，其可在保证爆破效果的前提下提高经济效益，另外边帮上的炮孔也可采用向采空区中部倾斜一个小角度，确保炮孔穿透空区。

在工程爆破中，岩石的移动与破碎主要是由爆炸冲击波、爆炸产物气体的楔入以及界面反射波的共同作用引起的，而炮孔堵塞主要是为了防止爆炸产物气体泄露而造成炸药能量损失，因此炮孔堵塞质量关系到爆破效果，若堵塞长度过小，不仅引起冲天炮导致能量损失，且易出现飞石，若堵塞长度过大，将引起炮孔利用率低，导致炸药对岩石的爆破作用强度不够，并使大块增多。为了使爆破后岩石块度更均匀，有利于对采空区进行填充，对于孔深大于 18m 时采用间隔装药，中部用 2m 空气间隔，空气间隔的上下部分都用同段双发雷管起爆，其中，空气间隔施工时将装有少量土的编织袋制成直径与药卷相近的圆柱状，用铁丝捆住后下放到炮孔中预定位置，然后将孔口的铁丝固定在炮孔边上的沙袋后继续装药卷，对于孔深小于 18m 采用连续装药方式。另外透孔应先吊孔堵塞并参考大宝山台阶爆破中实践经验，在下部采用细岩粉充填 3.5m 后再进行装药，另外上部采用细岩粉密实充填，充填高度为 4m，装药结构和堵塞长度如图 10-21 所示。

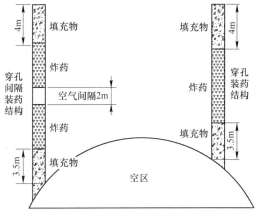

图 10-21 炮孔装药结构和堵塞示意图

10.5.6.5 组合崩落爆破处理效果评估

根据崩落爆破方案及空区探明参数，圈定区域内空区顶板爆破前岩体体积 18656m³，空区体积 5200m³，钻孔爆破部分的体积为 4912m³，爆破后地表呈漏斗状塌陷，塌陷面积 172m²，最大下沉 12m，经测量计算塌陷体积为 2848m³。空区崩落爆破前后的地形地貌变化如图 10-22 所示。

图 10-22 采空区爆破前后地形地貌

（a）崩落爆破前地形；（b）崩落爆破后地形

现场试验测算，岩石松散系数为 1.45。根据体积平衡原理，计算遗留空区体积和空区充填系数如下：

$$V_{2空} = V_{1岩} + V_{1空} - V_{2松岩} - V_{2整岩} - \Delta V$$
$$= V_{1空} - (k_0 - 1)V_{1岩爆} - \Delta V$$
$$= 5200 - (1.45 - 1) \times 4912 - 2848 = 141.6$$
$$k = 1 - V_{2空}/V_{1空} = 1 - 141.6/5200 = 97.2\%$$

上述计算表明：采空区南侧可能未完全充填满，但遗留采空区体积仅为 141.6m³，治理后遗留安全隐患极小；采空区充填系数高达 97.2%，说明本次崩落爆破效果符合设计预期。

10.6　露天复采中的安全生产协同管理

10.6.1　安全生产协同管理的指导思想

考虑到地采转露天复采矿山的特性，"天使"与"魔鬼"共存、共舞，所以开采施工中的安全生产协同管理显得尤其重要，是矿山安全高效生产的核心组织管理保障。

地下开采转露天复采矿山核心问题在于露天采矿工艺顺序与采场区域采空区治理的协同作业，减少甚至避免相互间的不利影响，有序排除安全隐患，高效回收隐患资源，确保安全高效生产，最终实现露天复采矿山的经济效益。为了实现地下开采转露天复采矿山的安全生产协同管理，宏大爆破不断总结经验教训，从以下四个方面抓露天复采安全生产协调管理：

（1）建立精准、高效的数字矿山模型，动态掌握采场布局、采空区的分布和矿产资源的赋存情况，才能"知己知彼百战不殆"。

（2）建立采空区治理与采矿施工的协同作业机制，一手抓空区隐患的排除，一手抓隐患资源的回收，"两手抓两手都要硬"。

（3）充分认识到安全高效回收矿产资源对技术和管理方面的要求，做好采矿计划安排和贫化损失控制。

（4）不断总结施工中的经验教训，建立并持续完善安全生产协同管理的规章制度。

10.6.2　数字化矿山的建设与管理

矿山三维场景重建是地下开采转露天复采矿山安全生产协同管理的现代化管理手段，是实现矿山安全、高效、环保生产和管理的前提和基础。通过矿山三维场景重建，包括矿区及其周边的地形地貌三维实景重建（含采场布局与采场现状）和地下矿产资源、遗留采空区分布的三维建模，可以建立矿区与周边生态环境、矿区地上（采场布局、采场现状）与地下（矿产资源赋存、采空区分布）相互联动的三维技术管理体系，使露天矿山的生态环境系统和生产作业系统具备全面的可视性，从而更加科学合理地进行矿山开采的规划设计、生产调度及安全、环保、质量监管。

地下开采转露天复采矿山的三维场景重建，主要包括如下三个方面具体内容和要求：

（1）关于地上三维场景重建，核心技术是通过高效的无人机航拍技术获取拍摄区域的二维正射影像，再通过专业的图像处理软件将分幅的二维图像进行批量化、自动化解析（解析原理为空中三角解析），还原露天矿山及周边环境的三维属性，从而获得矿区及其周边的整体三维地形地貌实景数据，完成露天矿山地面（含周边生态环境）三维场景的高效、高分辨率重建。

（2）关于地下三维场景重建，核心技术是通过数字矿山软件的建模功能，将地下矿产资源储量、种类、品位及其分布，地下采空区的位置、大小及埋深等信息进行三维场景重建，使埋在地下的矿产资源"透明化"，将采矿施工的目标，即矿产资源和主要安全威胁，即采空区均清晰可见，实现矿山全生命周期的资源开采的科学规划和管理。

（3）关于露天矿山三维场景重建技术的应用，核心是及时将可见的地表露天生产环境、生产条件与不可见的地下矿产资源、遗留采空区上下联动、互动起来，具有很好的三维可视性和总揽全局性，从而更加科学合理地进行矿山开采的规划设计、生产调度和质量监控，实现矿区环境生态化、开采方式科学化、资源利用高效化、生产运营节能化、管理信息数字化、矿区社区和谐化的总目标。

10.6.3　空区治理与采矿的协同作业

大宝山矿的地采转露天复采，开展采场空区安全治理与露天剥采施工协同作业，首先要充分认识到矿山地采转露天复采，不能盲目转入露天开采，宏观露天采矿环境再造是前提，即地采转露天复采前必须进行大型隐患采空区的集中治理；其二是进行大规模地采转露天复采施工过程中，要时刻注意微观采场作业条件再造，对地采遗留采空区进行探测、分析、处理和验收，有效排除露天剥采作业的安全隐患，这是地采转露天复采的核心技术；其三是地采转露天复采矿山需要充分认识与一般露天矿山的不同，特别是矿山地质环境、矿山采矿技术和矿山生产组织等方面，采取有针对性的采矿技术和组织管理措施，保障露天复采矿山的技术经济性。

地采转露天复采矿山，宏观露天采矿环境再造以后，还必须进行"微观采场作业条件再造"，并将其融入露天采矿生产流程中，从而实现采场区域空区治理与采矿协同作业这一目标。宏大爆破在广东省大宝山矿 10 年来的地采转露天复采矿山的生产组织中，不断总结和完善施工管理经验，取得了部级工法"地采转露采矿山空区治理与隐患资源开采协同作业工法"证书如图 10-23 所示。地采转露天复采矿山的安全生产协同管理的工作重点，体现在以下四个方面：

（1）关于地采转露天复采矿山的地质环境安全，关键是要将宏观地质灾害的分析与防治工作做实。

（2）关于地采转露天复采矿山的采空区防治工作，关键是及时排除安全隐患，核心是将采空区的超前探测和崩落爆破处理做好。

（3）关于地采转露天复采矿山的采矿技术方面，关键是采空区、塌陷区采矿配矿技术及其管控流程，将矿石贫化损失控制和配矿工作做精。

（4）关于地采转露天复采矿山的生产组织管理，关键是采空区防治与露天采矿作业协调有序、协同作业，将露天采矿的工艺流程做顺。

图 10-23　地采转露采矿山空区治理与隐患资源开采协同作业工法

10.6.4　安全生产协同管理的规章制度建设

地采转露天复采矿山施工，安全隐患多，采矿技术要求高，因此安全生产协同管理的经验教训总结和规章制度建设工作非常重要。

在广东大宝山矿近 10 年来，宏大爆破在安全生产协调管理的过程中，采用科学的流水作业技术指导生产，将任务细化，进行工厂化的管理，减小人为管理的不确定性，同时可提高设备的有效利用率。露天矿山剥采施工具有周期性，引入 PDCA 管理模式，持续改进剥采施工组织。

露天采矿施工工艺、施工设备的流水作业安排均具有明显的周期性，因此引入包括计划（Plan）、实施（Do）、检查（Check）和处理（Action）4 个阶段的 PDCA 管理模式，如图 10-24 所示，强调人性化管理和持续改进的理念。按照此模式，不断完善安全、技术、管理等方面的不足和漏洞，逐步做到"凡事有章可循，凡事有人负责，凡事有人监督，凡事有据可查"，确保流水作业顺畅有序，确保安全措施可靠有实效。

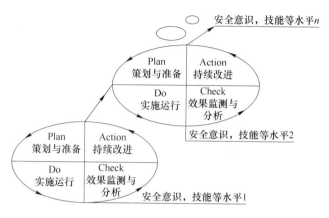

图 10-24　PDCA 循环管理模式

考虑到采空区、塌陷区剥采施工的特殊性及安全生产需要，将空区超前探测、空区崩落爆破、采矿配矿等工艺和环节融入普通露天矿开采的"穿孔、爆破、采装、运输、排土"等工艺中，统一进行流水作业安排，强调计划性和执行力，避免窝工，但遇采空区安全问题时具体问题具体分析，适当调整施工工艺和顺序，确保施工安全。现场按照工效匹配的原则，对人员、设备、工作面进行分组、统一调度，组织成倍节拍流水作业施工，将原来的每循环 7 天缩短为 4~5 天。

综上所述，通过"分组成倍节拍流水作业"和 PDCA 循环持续改进的管理模式，施工效率大大提高，剥离和采矿工作有序推进，是危机矿山逐步进入良性循环；同时不断总结经验教训，完善地采转露天复采矿山的现场安全生产协同管理的规章制度，并成功申报了部级工法"地采转露采矿山空区治理与隐患资源开采协同作业工法"。

10.7　新技术手段的迭代更新与应用

地采转露天复采是一个长期、不断演变的过程，随着露天复采开采区域的拓展和开采地平的降低，原来难以探测的深部采空区将变得可以精准探测。另外，新技术、新设备、新手段的不断涌现，可以弥补以往工作手段和方法的不足，故相关新技术手段的不断迭代与应用，对地采转露天复采矿山的安全高效施工显得特别重要。

宏大爆破在大宝山矿 10 年来的地采转露天复采施工中，关于新技术手段的迭代更新与应用，主要围绕采空区的精准探测和现场施工的安全生产协同管理两大方面。前者开展的工作包括瞬变电磁法、三维爆破地震勘探法探测深部采空区和 SSP 地质雷达探测浅层采空区，后者开展的工作包括无人机航测与三维建模、数字化矿山软件引进与应用、卡车调度系统引进与应用。

10.7.1　瞬变电磁法勘探采空区

瞬变电磁法（transient electromagnetics）是在地面发射瞬态脉冲电磁场信号，在瞬态脉冲断电瞬间，近发射线圈的磁场最大，因此，在相同的变化时间的情况下，感应涡流的极大值面集中在发射线圈附近；同时，发射线圈附近感应涡流的极大值面产生的磁场最强，随着关断间歇的延时，又产生新的涡流极大值面，并逐渐向远离垂直发射线圈的方向扩散，扩散速度和极大值的衰减幅度与大地电导率有关。不考虑其他因素，一般来说，大地电导率越大，扩散速度和极大值的衰减幅度越小，M. N. Nabighian 把涡流极大值面扩散形象地比作为"烟圈"，这是瞬变电磁测深的物理原理。

HPTEM-08 型高精度瞬变电磁系统由湖南五维地质科技有限责任公司与中南大学历经 6 年时间共同开发而成。HPTEM-08 型高精度瞬变电磁系统基于等值反磁通法原理，采用统一标准垂直发射磁源、高灵敏磁感应接收传感器、高速 24 位采集卡以及高密度测量等技术实现浅层高精度瞬变电磁勘探。该设备申报了多项国家发明专利，处于国际领先地位。HPTEM-08 系统结构如图 10-25 所示，其可以收放且可发射和接收天线，如图 10-26 所示。

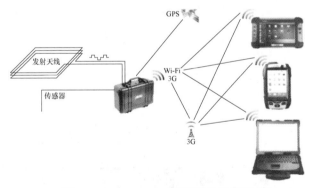

图 10-25　HPTEM-08 系统结构示意图

HPTEM-08 型发送机采用高度集成的电路结构和高速的开关器件，实现大梯度线性关断，保证了每次关断的一致性，形成稳定的一次磁场和涡流，同时，大梯度线性关断有效缩短了关断时间，减少了浅层数据的失真。HPTEM-08 型接收机采用程控分段放大，提高了系统的动态范围，24bit，625kS/s 的采样率保证了数据精度和信号带宽；传感器采用超低噪声放大器，降低了系统噪声，整个信号通路采用全差分结构，有效压制外界干扰。

图 10-26　HPTEM-08 可收放的发射与接收天线

　　以在大宝山矿 661 平台的瞬变电磁法勘探为例，北部区域地表岩石出露，分布有磁黄铁矿、黄铁矿、辉铜矿等多种矿石。勘探区域内已经形成了明显的三处塌陷区，在地表有清晰的塌陷拉裂痕迹。根据 HPTEM 系统高精度瞬变电磁反演的电阻率断面图，LINE6 线的 38~62 段、LINE5 线的 14~26 和 34~52 段、LINE4 线的 4~22 和 30~44 段、LINE3 线的−6~16 和 30~42 段、LINE2 线的 24~70 段、LINE1 线的 30~62 和 72~92 段，电阻率等值线在横向和纵向呈现不连续，且畸变严重，根据已有资料推测为采空区。将采空区划分为 1 号和 2 号采空区，投影到平面图上发现采空区成东西条带状展布，并穿越地面塌陷区。LINE1~LINE6 线物探的断面图如图 10-27 所示。

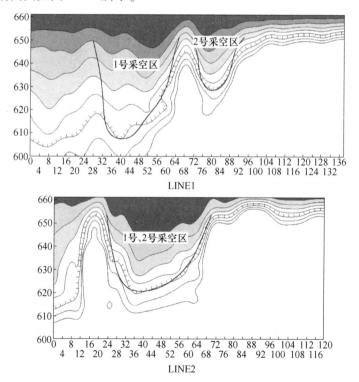

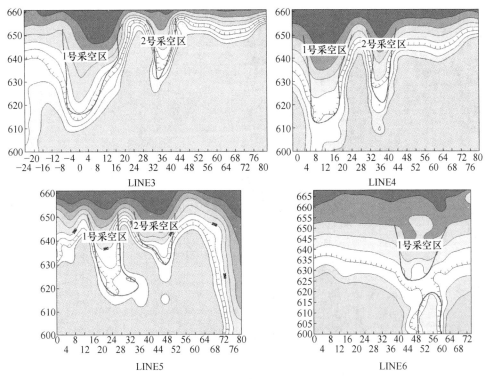

图 10-27　LINE1～LINE6 线物探成果显示图

　　661m 平台南部区域地表岩石出露，分布有灰岩、白云质灰岩、泥岩及少量的铅锌矿矿石。勘探区域内存在一处明显的塌陷区，在地表未见清晰的塌陷拉裂痕迹。根据 HPTEM 系统高精度瞬变电磁反演的电阻率断面图（参见图 10-28），LINE6 线的 8～11 段、LINE5 线的 8～11 段、LINE4 线的 8～11 段，在深度约 20m 的位置出现了低阻异常，电阻率横纵向不连续，局部呈现低阻闭合，推测为岩溶异常，不排除为采矿巷道异常；LINE3 线的 16～20 段、LINE2 线的 6～10、LINE1 线的 6～12 段、36～42 段和 58～60 段电阻率低，局部呈现低阻闭合，电阻率等值线横向不连续，推测为小型岩溶异常；值得注意的是，LINE3 线的 28～46 段电阻率横向不连续，呈现低阻向下延伸，推测为采空区，不排除采空区已经在地表以下存在碎石陷落、富含水的情况；LINE2 线的-2～14 段的电阻率低，电阻率横向不连续，呈现低阻向下延伸，推测为采空区。

10.7.2　三维爆破地震勘探

　　三维地震由二维地震发展而来。与二维地震不同的是，三维地震采用高密度的、各种形式的面积观测系统，所以三维地震又叫面积勘探法。三维地震探测采空区主要依据的是不同介质间的波阻抗差异。波阻抗差异越大，反射波的能量越

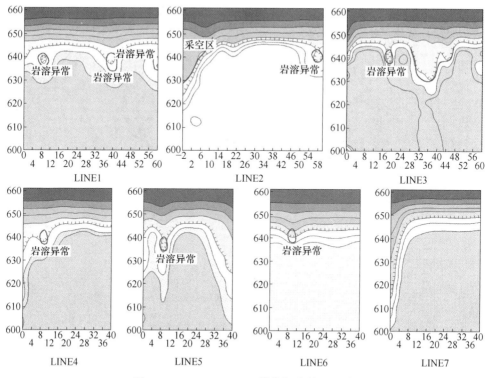

图 10-28　LINE1～LINE7 线物探成果显示图

强，勘探效果越好。矿床未开采时，由于其自身的特征的特异性与周围围岩的波阻抗差异较大，能形成能量较强的反射波。当矿床采空形成采空区时，上覆地层由于三带的形成而变得疏松，密度降低，传播于其中的地震波的能量、速度、频率均发生不同程度的变化。在时间剖面上主要表现为矿层反射波同相轴及辅助相位不连续，波形异常，无规律分布，频率较低，延时现象明显。

三维地震勘探的基本原理包括波动理论和射线理论两个部分。波动理论主要讨论绕射叠加理论（包括零炮检距和非零炮检距两种情况）和散射理论。两者实质相似；射线理论建立在反射层为比较稀疏、反射波互不干涉的基础之上，通过研究反射波的传播时间和旅行路程的关系（即时距曲线），进而研究地下介质结构形态。

射线理论又可称为几何地震学，是以惠更斯原理、费马原理以及波阻抗分界面上反射和折射定律为理论基础；通过研究波前与射线的形态来观察分析地震波的传播过程的理论方法。对于较远距离的反射层能够形成互相不干涉的波，就可以通过研究某一固定相位来分析研究反射波的传播，及时距曲线（到达时间与旅行路径的关系），来研究地下地质结构的形态；由此可见，在使用中射线理论具有重要的作用。

三维地震勘探工作采用法国 SERCEL 公司生产的 428XL 超多道遥测数字地震仪，并且投入了大量的软硬件设备，如图 10-29 所示。

图 10-29 三维地震勘探测试系统

三维地震资料解释过程是利用收集到的部分已知资料（钻孔资料、地质剖面资料等），从识别目的层反射波同相轴开始，进行层位追踪。层位追踪是指目的层反射波同相轴进行追踪形成 T_1 波 t_0 数据。同时根据以往工作经验以及本次任务要求对巷道和采空区以及崩落区范围在地震反射中的特征表现进行分析判别，从而确定目标体的分布，地质解释流程如图 10-30 所示。

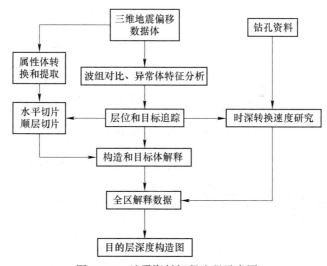

图 10-30 地震资料解释流程示意图

在金属矿区因围岩岩性、产状多变等因素，采空区在地震勘探规范中还没有标准的识别标志，根据以往工作经验，结合已知地质剖面与实测地震剖面对比（参见图 10-31、图 10-32）具有一定体积的采空区反射波场特征：采空区顶底板反射能量较强，通常顶板反射波能量强于底板，在单炮上出现长时间的震荡反射。

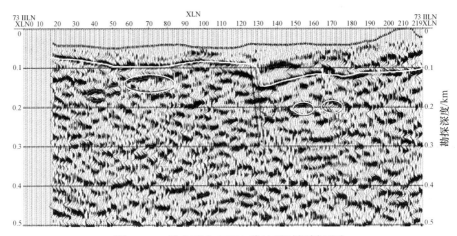

图 10-31　采空区在 ILN73 线地震时间剖面图

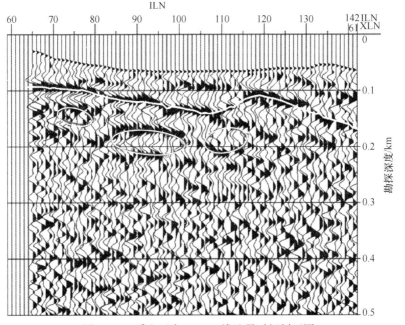

图 10-32　采空区在 XLN61 线地震时间剖面图

根据采空区地震反射特征本区共推断出 10 个采空区，从南至北分别命名为 CK1~CK10（见图 10-33），其中 CK5、CK6 为疑是采空区。表 10-11 为采空区特征及推断解释可靠性评价表。

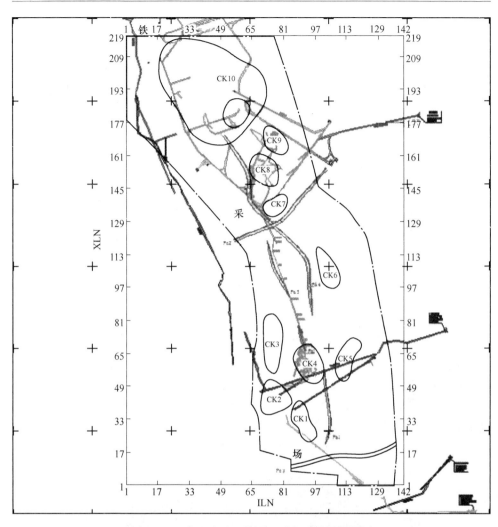

图 10-33 大宝山矿三维测区采空区平面投影图

表 10-11 采空区特征及推断解释评价表

采空区名	最大标高/m	最小标高/m	最大投影面积/m²	评价
CK1	562	516	3695	可靠
CK2	590	554	4776	可靠
CK3	609	567	5683	可靠
CK4	585	529	5274	可靠
CK5	576	497	4011	疑是
CK6	582	535	3733	疑是
CK7	550	506	2364	可靠
CK8	576	522	4269	可靠
CK9	570	524	3056	可靠
CK10	地表	475	49398	塌方区

10.7.3　SSP 地质雷达的引进与应用

SSP 地质雷达是南非陆泰克公司最新推出一款产品。其特点是轻巧便捷，现场操作简单，获取数据通过无线通讯输入便携平板电脑。设备探头重量约为 3.4kg，尺寸是 403mm×261mm×105mm。设备 IP65 等级防护，用于探测岩体内部结构。操作人员可即时获取岩体内的构造特征。在矿山，公路，桥梁，铁路，隧洞等工程施工项目都有广泛的应用，结构如图 10-34 所示。

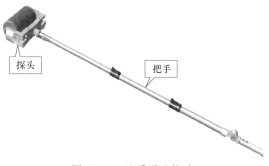

图 10-34　地质雷达构造

SSP 地质雷达具有数据实时处理，现场快速成像的特点，与传统的地质雷达技术相比，可以更加直观显示雷达探测的结果，不需要进行波形解译等操作，有效地降低了雷达技术在实际工程中的应用障碍，提高了使用效率，可用于现场探测 10m 以内的地质异常，显示效果如图 10-35 所示。SSP 地质雷达进行浅层空区或巷道等超前探测分析的使用，如图 10-36～图 10-38 所示。

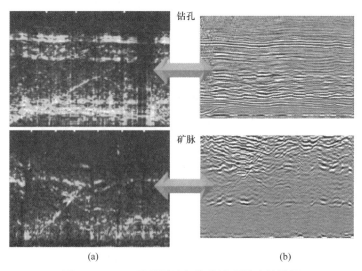

(a)　　　　　　　　　　　　　　　(b)

图 10-35　SSP 地质雷达与传统地质雷达的效果
(a) SSP 雷达；(b) 传统地质雷达

图 10-36　SSP 地质雷达扫描操作

图 10-37　SSP 地质雷达扫描线路设计

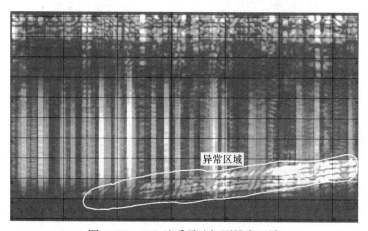

图 10-38　SSP 地质雷达探测异常区域

10.7.4　无人机航测与三维建模

地采转露天复采矿山的安全生产协调管理，矿山地形地貌是生产计划制定及现场管理的基础，如何快速准确地获取及更新，是提高生产效率的关键所在。露天矿山占地规模较大，传统的 RTK、全站仪等难以快速测量矿山地形地貌信息，且对生产现状的更新较慢，一定程度上制约了生产的高效执行。无人机航测技术简单易行，可在短短的几个小时内，获取矿山的全貌，包括开采台阶现状、排土场信息、堆料场、道路布局等信息，可较好地应用在露天矿山全生命周期中。

目前，大宝山露天矿最高为 1013m，最低台阶面为 637m，高差较大，考虑到高程落差的影响，兼顾无人机像控点空间布置需满足 3km² 布置 5 个点，现场共布置了 12 个十字形的像控点，采用 RTK 对像控点坐标连续测量十次，取平均值。像控点布置完毕后，在 757m 排土场南侧的平坦开阔地带进行无人机航测的准备工作，在自带的地面站软件上设置航测路线，确保满足像控点的精度控制范围。为了有效测量采场、排土场、堆料场、周围建构筑物及矿山复绿范围，共布置了 3 个架次的飞行计划，局部航线需要重叠用以保证航测精度，如图 10-39 所示。无人机检查完毕后，进行航测飞行阶段，地面站软件实时监控飞行状态，确保航测作业按飞行计划正常进行。航测结束后，及时回收每个架次的航测数据。无人机航测效率高，耗时短，根据实际生产需要，可及时获取最新的矿山开采的现状，实现了数据来源的及时更新，更为贴合实际生产工作。

图 10-39　航测路线设计

航测外业完成后，将回收的航测数据按照无人机处理软件的要求，进行一键式解算，再将解算后的 POS 数据和航测的高像素照片等信息按照格式要求，输入到 Pix4D 软件中，进行批量的图像解析，如图 10-40 所示，则可快速生成航测的成果图，包括正射影像、三维数字表面模型、二维地形图等航测成果，如图 10-41 所示。在生成的质量报告里，可查看航测的误差，同时为了验证实际误差，将特定的航测模型的坐标点与实际位置进行比对，发现误差在合理范围之内，满足 1∶1000 比例尺的测绘精度要求。

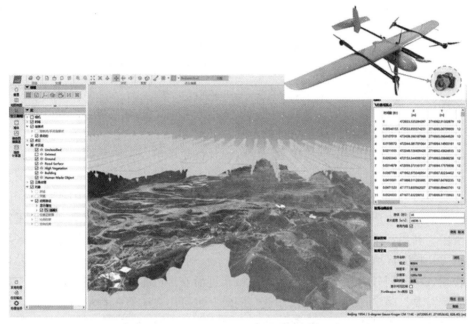

图 10-40　无人机航测图像的三维解析

(a)	(b)

图 10-41　无人机航测及三维建模成果图

（a）正射影像；（b）数字表面模型

总之，利用无人机航测和矿山的三维建模技术，快速获取矿山信息并将其三维可视化，是大型露天矿山精细化管理的重要手段和方法，有助于提升地采转露天复采矿山的安全生产协同管理的水平。

10.7.5　数字化矿山软件的引进与应用

考虑到地采转露天复采矿山的复杂性，原来主要基于二维的 CAD 软件进行露天复采生产计划的设计与下达，进行采空区崩落炮孔的布置与设计。在大宝山矿地采转露天复采施工的过程中，三维数字矿山软件不断进步和成熟，包括 DIMINE 和 3DMine。宏大爆破利用数字矿山软件进行矿山地质建模（含地下采空区）、矿山运输道路的规划设计、采矿计划编制、采掘带划分与配矿设计、数字化爆破设计等，优势明显，可较好地应用于露天矿山全生命周期中，提升地采转露天复采矿山的安全生产协同管理的水平。

相比于传统的二维图，三维数字软件设计优化了矿山生产计划，有助于技术人员对管理人员进行技术交底，在与现场调度人员安排生产计划时，更为通俗易懂，更易区分和安排生产的主次，重难点区域的开采规划等如图 10-42（a）所示，进而根据生产能力及运距合理安排车铲比，显著提高了生产效率，减少了窝工现象。利用三维数字矿山软件的道路设计规划功能，快速计算出设计道路区域的填方、挖方区域的工程量，如图 10-41（b）所示，清晰地显示出道路的总体工程量，将其划分为难施工与易施工区域，进而安排机组实施道路修筑工作，根据生产需要，确定是否进行分段作业。同时，也可用在矿石工程量结算方面，误差在合理范围内，相比 CASS 软件的三角网算法，极大地降低了庞大的计算量，减少了测量技术人员的劳动强度，使得工作效率明显提升。

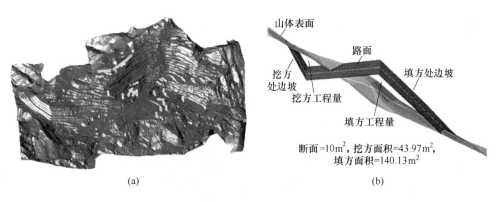

断面=10m², 挖方面积=43.97m²,
填方面积=140.13m²

(a)　　　　　　　　　　　　　(b)

图 10-42　生产规划设计
（a）生产计划制定三维图；（b）道路工程量计算

在爆破设计方面，传统的人工编制爆破设计方案耗时长，劳动强度高，工作效率不高，利用三维数字软件中的露天矿山爆破功能，可较好地提高露天矿山爆破设计、施工和管理的水平，如图 10-43 所示，亦可以用于采空区的崩落爆破设计。以 661m 水平的采空区爆破为例，首先利用三维激光扫描仪获取空区的点云数据，输入到 DIMINE 软件中，生成了采空区的实体模型，再进行爆破设计。将炮孔测量数据直接导入爆破设计模块中，根据实际需要，在空区的投影范围内进行自动化布孔，分为正常孔、切割孔及加密孔，孔网参数为 4m×4.5m，进行装药量、填塞长度、装药结构、起爆时间及起爆顺序等优化，如图 10-44 所示，最终自动生成较好的爆破设计方案，并应用于现场。采空区处理后，形成了一个明显的矿坑，采用 RTK 人工测点对照发现空区得到了较好的处理，再采用废石充填，有效消除了采空区的安全隐患。

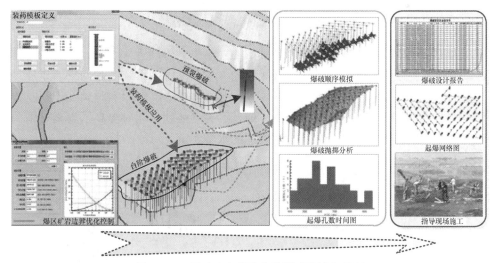

图 10-43　露天矿山的数字化爆破设计与管理

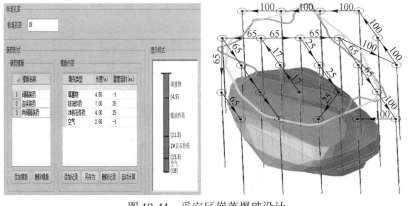

图 10-44　采空区崩落爆破设计

（a）装药结构；（b）起爆方案

根据矿山的勘察资料确定矿脉的分布情况，在软件上圈定计划的爆破区域，快速计算框选区域的工程量，采用岩脉剔除爆破技术、大块采矿法等，可实现矿岩的有效分离。对于降低矿石的损失与贫化与精细化施工十分有利，显著地改善了矿石损失严重，矿岩混合情况复杂的现象。此外，由于现场情况较为复杂，管理人员难以及时全面检查平台标准化建设工作。在软件中，同时也可进行平台标准化检查工作，通过检查模型的不平整地带，进而制定平台标准化方案。

综上所述，三维数字矿山软件可较好地应用于地采转露天复采矿山的全生命周期中，包括矿山地质建模（含地下采空区）、矿山运输道路的规划设计、采矿计划编制、采掘带划分与配矿设计、数字化爆破设计等工作，大大提升了地采转露天复采矿山的安全生产协同管理、精细化管理的水平。

10.7.6   卡车调度系统的引进与应用

为了进一步提高地采转露天复采矿山的安全生产协调管理水平，更有效地监管矿山的生产运营情况，引进了丹东测绘的卡车调度管理系统，其网络通讯原理如图 10-45 所示。其基于计算机及数据库技术，可实现矿山的实时调度指挥，很大程度上减少了现场管理人员的数量、降低了劳动强度，同时提高了露天复采的现场管理水平，特别是安全生产协同管理的水平。

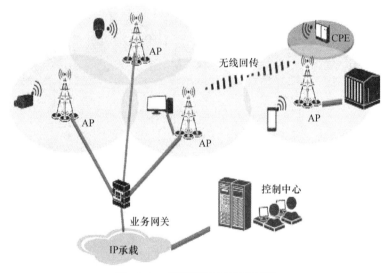

图 10-45   网络通讯原理示意图

以无人机航测得到的且经过精度校验的矿山二维地形图为底图，科学划分采掘带，分区钻爆和铲装，采用 RTK 人工放点确定矿岩分界线后，向作业车辆下达配矿装运指令，挖机和卡车进行分采分运，铜硫矿石运往 645m 堆矿场，铅锌矿运往指定堆场,土渣运往较近的排土场倾倒。

根据矿山运输道路的分布情况和卡车运输的情况,不断优化运输路线,得到最优路线,若卡车偏离路线或进入采空塌陷的危险区域,则会进行报警,提醒司机按照既定线路运输,实现统筹化管理,如图 10-46 所示。卡车装运的矿岩及土渣经过称重后,工程量实时反馈到指挥系统中,实现了实时计量,对于工程量结算及安排车辆配置十分有利。引入卡车调度系统后,矿山生产工作实现了综合化管控,降低了现场管理人员的往复指挥频率和劳动强度,通过一键式发送指令及生产调度中心的及时沟通,显著提高了现场精细化管理水平和安全监管能力,生产计划得以快速有序完成。

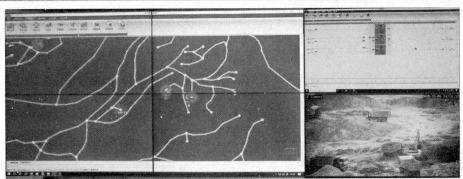

图 10-46　卡车调度系统与视频监控系统

10.8　矿山地采转露天复采经验总结

(1) 地采转露天复采矿山的生产经营,其基本前提是充分认识到矿山开采过程是"天使"与"魔鬼"共存、共舞的特性,需要对矿山开采状况进行调查分析，充分认识"天使"——矿产资源，也要充分认识"魔鬼"——采空区，才能知己知彼、百战不殆。

（2）矿山地采转露天复采的开采程式的核心在于宏观露天采矿环境再造和微观采场作业条件再造，其中地采转露天复采前的宏观露天采矿环境再造，主要是进行大型隐患空区的集中治理；地采转露天复采中的微观采场作业条件再造，主要是进行采场遗留的区域空区的治理，保障露天采矿作业人员和设备的安全。

（3）地采转露天复采矿山的最终目的是回收矿产资源，采空区的治理是为露天采矿创造安全生产条件，通过采场区域空区治理与采矿协同作业的手段，提高回采率、降低贫化率、较少损失率，同时保障施工安全。

（4）矿山的地采转露天复采是一个长期和不断演变的过程，随着露天复采开采区域的拓展和开采水平的降低，原来难以探测的深部采空区变得可以精准探测，加上新技术、新设备、新手段的不断涌现可以弥补以往工作手段和方法的不足，故地采转露天复采矿山的新技术手段的不断迭代与应用显得特别重要。

参 考 文 献

[1] 广东省大宝山铁矿扩大初步设计说明书 [R]. 长沙黑色金属矿山设计院, 1969.

[2] 广东省大宝山铁矿露天采场段高修改设计说明书 [R]. 长沙黑色金属矿山设计院, 1973.

[3] 广东省大宝山矿李屋拦泥坝设计资料 [R]. 长沙黑色金属矿山设计院, 1974.

[4] 大宝山矿业有限公司铜业分公司采空区处理充填工艺与技术 [R]. 长沙: 中南大学, 2005.

[5] 矿山声发射地压监测系统试验研究报告 [R]. 大宝山矿业有限公司, 长沙矿山研究院, 2004.

[6] 11·27 大塌方与声发射监测系统事故分析报告 [R]. 长沙矿山研究院, 2005.

[7] 广东省大宝山矿北部铜硫矿体开发 (中型规模) 预可行性研究 [R]. 长沙有色冶金设计研究院, 1993.

[8] 大型复杂塌陷与充填区域稳定性及近区开采安全性研究 [R]. 中南大学资源与安全工程学院、国家金属矿安全科学技术研究中心、大宝山矿业有限公司, 2006.

[9] 广东省大宝山矿业有限公司地下采空区稳定性分析和露天开采安全技术研究 [R]. 长沙矿山研究院、广东省大宝山矿业有限公司, 2009.

[10] 空区自动激光扫描系统 (C-ALS) 简介、注意事项及简明操作步骤 [R]. 中南大学资源与安全工程学院编制, 2009.

[11] 大宝山矿露天采场剥离工程采空区处理专项施工方案 [R]. 广东宏大爆破股份有限公司, 2010.

[12] 矿山地采转露采开采方法与安全作业技术研究 [R]. 广东宏大爆破股份有限公司, 2013.

[13] 大宝山 661 平台采空区 HPTEM 勘探报告 [R]. 广东省大宝山矿业有限公司、宏大矿业有限公司、湖南五维地质科技有限公司, 2015.

[14] 广东省大宝山矿业有限公司三维地震勘探采空区报告 [R]. 广东省大宝山矿业有限公司、宏大矿业有限公司、中国安全生产科学研究院、安徽省勘查技术院, 2017.

[15] SSP 地质雷达大宝山现场试验总结 [R]. 北京盛科瑞仪器有限公司, 2017.

[16] 舟山绿色石化基地矿山开采爆破工程无人机调度指挥系统研究 [R]. 大昌建设集团有限公司、宏大爆破有限公司, 2019.

[17] 采矿手册: 第 3 卷 [M]. 北京: 冶金工业出版社, 2006.

[18] 采矿手册: 第 4 卷 [M]. 北京: 冶金工业出版社, 2006.

[19] 李俊平, 赵永平, 王二军. 采空区处理的理论与实践 [M]. 北京: 冶金工业出版社, 2012.

[20] 张海波, 宋卫东. 金属矿山采空区稳定性分析与治理 [M]. 北京: 冶金工业出版社, 2014.

[21] 宋卫东, 付建新、谭玉叶. 金属矿采空区灾害防治技术 [M]. 北京: 冶金工业出版社, 2015.

[22] 陈国山. 露天采矿技术 [M]. 北京: 冶金工业出版社, 2013.

[23] 陈晓清. 金属矿床露天开采 [M]. 北京：冶金工业出版社，2010.

[24] 高永涛，吴顺川. 露天采矿学 [M]. 长沙：中南大学出版社，2015.

[25] 古德生，李夕兵. 现代金属矿床开采科学技术 [M]. 北京：冶金工业出版社，2006.

[26] 刘殿中，杨仕春. 工程爆破实用手册（第 2 版）[M]. 北京：冶金工业出版社，2004.

[27] 郑炳旭，王永庆，李萍丰. 建设工程台阶爆破 [M]. 北京：冶金工业出版社，2005.

[28] 同济大学经济管理学院，天津大学管理学院. 建筑施工组织学 [M]. 北京：中国建筑工业出版社，2002.

[29] 3DMine 矿业工程软件基础教程 [R]. 北京三地曼矿业软件科技有限公司，2016.

[30] 数字矿山信息化应用研修班培训教材 [R]. 长沙迪迈数码科技股份有限公司，2016.

[31] 冯文灏. 近景摄影测量——物体外形与运动状态的摄影法测定 [M]. 武汉：武汉大学出版社，2002.

[32] 王佩军，徐亚明. 摄影测量学 [M]. 武汉：武汉大学出版社，2005.

[33] 叶图强，曾细龙，林钦河，等. 露天深孔爆破处理大型采空区的实践 [J]. 中国矿业，2008（8）：97-101.

[34] 崔晓荣，叶图强. 危机多金属矿的流水作业强化开采转型：以大宝山矿为例 [J]. 矿冶工程（增刊），2011（11）：65-68.

[35] 崔晓荣，叶图强，陈晶晶. 采空区采矿施工安全的组织与管理 [J]. 金属矿山，2011，40（11）：150-154.

[36] 崔晓荣，陆华，叶图强，陈晶晶. 三维空区自动扫描系统在露天矿山中的应用 [J]. 有色金属（矿山部分），2012，64（3）：7-10.

[37] 叶图强，崔晓荣，陈晶晶. 露天多金属矿山采空区的钻探分析与工程应用 [J]. 铜业工程，2013（6）：38-41.

[38] 武亮. 采空区处理爆破设计与施工 [C]. //中国爆破新技术Ⅲ（中国会议）. 北京：冶金工业出版社，2012：443-448.

[39] 陈晶晶，蓝宇. 采空塌陷区施工的组织与管理 [J]. 露天采矿技术，2011（4）：35-36.

[40] 叶图强，陈晶晶，王铁. 露天开采复杂采空区的危险性探测与分析 [J]. 中国矿业，2012，21（1）：87-89.

[41] 崔晓荣，叶图强，陈晶晶. 大宝山矿危机转型爆破技术研究 [J]. 工程爆破，2013，19（6）：17-21.

[42] 崔晓荣，林谋金，张卫民，等. 露天多金属矿山地下采空区综合探测分析 [J]. 金属矿山，2015（1）：128-132.

[43] 崔晓荣，林谋金，郑炳旭，等. 矿山采空区崩落爆破评估验收方法 [J]. 金属矿山，2015（9）：11-15.

[44] 林谋金，黄胜贤，陈晶晶，等. 局部爆破法强制崩落采空区的应用实践 [J]. 爆破，2016，33（1）：89-92，123.

[45] 崔晓荣，林谋金，喻鸿，等. 地采矿山转露采的开采程式研究 [J]. 金属矿山，2016（2）：30-35.

[46] 陈晶晶，蓝宇. 复杂环境中采空区爆破处理实践 [J]. 金属矿山，2013（1）：64-

65，79.

［47］陈光木，赵博深，陈晶晶. 大宝山 668-1 采空区强制崩落工程实践研究［J］. 矿业研究与开发，2014，34（1）：8-10.

［48］叶图强，闫大洋，蔡建德，等. 露天矿复杂多层采空区爆破处理的研究［J］. 煤炭技术，2014，33（7）：281-284.

［49］贺顺吉. 露天煤矿采空区处理方案及安全措施［J］. 现代矿业，2014，33（5）：119-121，180.

［50］陈晶晶，张兵兵，韩振. 大宝山 650 采空区综合治理技术分析［J］. 工程爆破，2019（1）：80-84.

［51］张兵兵，崔晓荣，蓝宇，等. 相邻采空区的协同处理技术分析［J］. 工程爆破，2019（2）：84-89.

［52］陈晶晶，崔晓荣，蓝宇，等. 露天矿复杂采空区群治理技术分析［J］. 工程爆破，2019（3）：74-79.

［53］国家安全生产监督管理总局. 国家安全生产科技发展规划——非煤矿山领域研究报告（2004—2010）［R］. 北京：国家安全生产监督管理总局，2003.

［54］童立元，刘松玉，邱钰，等. 高速公路下伏采空区问题国内外研究现状及进展［J］. 岩石力学与工程学报，2004，23（7）：1198-1202.

［55］冯少杰，杨占军，李焕忠，等. 瞬变电磁在露天边坡下采空区探测中的应用［J］. 金属矿山，2012（6）：47-49.

［56］刘波，高永涛，金爱兵，等. 综合物探法在平朔东露天矿铁路专用线煤窑采空区探测的应用［J］. 中国矿业，2012，21（9）：111-114.

［57］李夕兵，李地元，赵国彦，等. 金属矿地下采空区探测、处理与安全评判［J］. 采矿与安全工程学报，2006，23（1）：24-29.

［58］杨成奎. 大宝山矿山采空区地面塌陷地质灾害预测及其防治措施［J］. 矿产与地质，2013，27（5）：416-420.

［59］胡静云，李庶林，林峰，等. 特大采空区上覆岩层地压与地表塌陷灾害监测研究［J］. 岩土力学，2014，35（4）：1117-1122.

［60］宫凤强，李夕兵，董陇军，等. 基于未确知测度理论的采空区危险性评价研究［J］. 岩石力学与工程学报，2008，27（2）：323-330.

［61］冯岩，王新民，程爱宝，等. 采空区危险性评价方法优化［J］. 中南大学学报（自然科学版），2013，44（7）：2881-2888.

［62］Zhao Wen. The rock failure and fall of the large underground mined-out area［J］. Journal of Liaoning Technical University：Natural Science，2001，12（4）：45-49.

［63］牛小明. 露天开采境界下覆采空区顶板稳定性研究［D］. 长沙：长沙矿山研究院，2013.

［64］邱海涛，潘懿. 露天开采下地下采空区顶板保安层厚度的计算分析［J］. 采矿技术，2012，12（3）：47-49.

［65］夏永华，方源敏，孙宏生，等. 三维激光探测技术在采空区测量中的应用与实践［J］. 金属矿山，2009（2）：112-114.

[66] 乔春生，田治友. 大团山矿床采空区处理方法 [J]. 中国有色金属学报，1998，8（4）：175-179.

[67] 卢清国，蔡美峰. 采空区下方厚矿体安全开采的研究与决策 [J]. 岩石力学与工程学报，1999，18（1）：87-92.

[68] 李俊平，彭作为，周创兵，等. 木架山采空区处理方案研究 [J]. 岩石力学与工程学报，2004，23（22）：3884-3890.

[69] 张海磊，孙嘉，王成财，等. 露天地下联合开采空区残留矿石 [J]. 金属矿山，2014（3）：31-35.

[70] 陈庆发，周科平，古德生. 协同开采与采空区协同利用 [J]. 中国矿业，2011，20（12）：77-80.

[71] 陈庆发，周科平，古德生，等. 采空区协同利用机制 [J]. 中南大学学报（自然科学版），2012，43（3）：1080-1086.

[72] 刘畅，崔晓荣，李战军，等. 中型矿山小设备开采的经济环境效益分析 [J]. 工程爆破，2009，15（2）：37-40.

[73] 崔晓荣，周名辉，吕义. 露天矿的中小型设备高强度开采技术 [J]. 西部探矿工程，2009，21（11）：102-105.

[74] 崔晓荣，叶图强，刘春林. 多规格石高强度流水作业开采 [J]. 工程爆破，2012，18（4）：88-91.